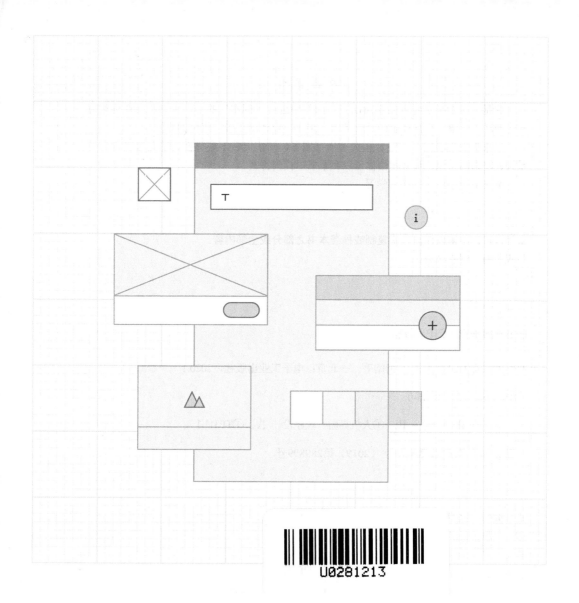

U0281213

写给大家看的UI设计书

柯皓（@酸梅干超人）著

电子工业出版社
Publishing House of Electronics Industry
北京·BEIJING

内 容 简 介

这是一本指导从零开始学习UI设计的新手进行"创作"的书。本书不会在理论方面花费较大篇幅，只聚焦于UI设计的第一步——设计出正确、优美的界面。

如果你发现看完了UI设计相关的所有图书，却依旧做不好界面，缺乏对UI设计的系统、清晰的认识，那么相信你可以在本书中找到答案。

本书适合UI设计师参考学习。

图书在版编目（CIP）数据

写给大家看的UI设计书 / 柯皓著. —北京：电子工业出版社，2020.1

ISBN 978-7-121-38185-0

Ⅰ．①写… Ⅱ．①柯… Ⅲ．①人机界面－程序设计 Ⅳ．①TP311.1

中国版本图书馆CIP数据核字（2019）第289899号

责任编辑：张月萍　　　　特约编辑：田学清
印　　刷：北京建宏印刷有限公司
装　　订：北京建宏印刷有限公司
出版发行：电子工业出版社
　　　　　北京市海淀区万寿路173信箱　　　邮编：100036
开　　本：720×1000　1/16　印张：13.25　字数：238千字
版　　次：2020 年 1 月第 1 版
印　　次：2025 年 1 月第 6 次印刷
定　　价：79.00元

前言

和大多数从业 10 年以上的 UI 设计师一样，我也有过一段漫长又坎坷的自学经历。因为在 10 年前，移动互联网行业还处于萌芽期，网上鲜有相关的学习资料，我们只能模仿并总结国外的作品，或者直接投入"一团乱麻"的实际项目中试练，从而逐渐提升相关技能。

目前，上述情况已经得到了非常大的改善，越来越多的设计师开始分享自己的工作经验，教学视频和文章也随处可见。在理论上，初学者的学习过程应该更容易了，但在实际的接触中，大多数 UI 设计的新手依旧无法很好地达到该职业的基本要求，无法设计出符合规范的、正确的、美观的界面。

之所以会有这样的问题，是因为大多数人对 UI 设计的理论与实践的关系有非常大的误解。

传统行业技能的学习，一般是从基础理论开始的，越是成熟的行业越是如此。因为在这些行业中，基础理论是具有"客观决定性"的，没有这种基础就无法推导出后面更复杂的知识和理论。

就像"建筑工程学"一样，再复杂的建筑也必须符合经典力学的理论体系才能被建造出来，它的实现过程是受到客观制约的，如果缺乏这些理论，我们在实践过程中就会寸步难行。

UI 设计的不同之处在于，它是构建在"主观性"上的学科，同一套设计方案在不同场景、不同受众中会得到不一样的感受和体验，设计师可以设计出完全违背我们直觉和打破常规的优秀作品。这种"主观性"导致了相关理论大多只是作者个人的总结，而不是客观定理，看起来固然精彩，发人深省，但我们依旧无法通过学习它们来直接了解界面应该怎么设计，或者直接提升设计水平。

UI 设计的学习需要从实践开始，在熟练掌握实践的方法后，再通过理论去检验我们的实践结果，探索更多的可能性。基于格式塔心理学的"平面设计四要素"是我认为最具有普适性、客观性的设计理论，有优先学习的必要。

所以，本书在前两章对 UI 做出基本介绍后，就会在第 3 章开始着重说明平面设计四要素的知识和应用；然后，通过对文字、控件、组件的讲解，使读者了解界面设计中的排版；在具有排版基础以后，再通过对配色方法和图标设计的讲解，让读者学会丰富界面的细节；最后，具体说明在一个完整的 UI 项目中设计师应该如何应对，并最大化地发挥设计能力。

在成书过程中，较大的难点在于出版物比网页的展示形式多了很多限制，无法像网页一样展示大量的案例，书中提及的许多内容都需要读者自己进行查找和分析。最重要的是，读者想要学习 UI 设计，只阅读本书是远远不够的，一定要通过实际的练习来消化知识点，这才是学习 UI 设计的合理方式。

希望本书可以帮助读者更快地把握 UI 设计的要点，避开前人踩过的"坑"，从而设计出更多优秀的作品。

编者

目录

CONTENTS

01 UI 的学习准备

1.1 UI 是什么 2
1.2 UI 行业的发展 5
1.3 UI 应该如何学习 8
1.4 UI 设计的软件 14

02 UI 的基础知识

2.1 App 的视觉组成 21
2.2 关于分辨率 25
2.3 系统设计规范 29
2.4 UI 视觉与交互 35

03 平面设计四要素

3.1 UI 设计中的对齐 40
3.2 UI 设计中的亲密 48
3.3 UI 设计中的对比 56
3.4 UI 设计中的重复 65

04 UI 的文字应用

4.1 文字的基本属性   **73**
4.2 官方字体   **80**
4.3 字体的设置   **84**

05 UI 的控件设计

5.1 控件是什么   **91**
5.2 控件的设计原则   **98**
5.3 控件的尺寸   **102**

06 UI 的组件设计

6.1 组件是什么   **112**
6.2 组件的尺寸   **120**
6.3 组件的进阶   **124**

07　UI 的配色方法

7.1　色彩的基础认识　　　　　　133
7.2　UI 中的配色　　　　　　　　140
7.3　配色演示　　　　　　　　　　147

08　UI 的图标设计

8.1　认识图标　　　　　　　　　　159
8.2　图标的规范　　　　　　　　　162
8.3　工具图标设计　　　　　　　　168
8.4　应用图标设计　　　　　　　　175

09　UI 的项目实践

9.1　App 项目开发流程　　　　　　180
9.2　App 项目的设计准备　　　　　185
9.3　项目的设计　　　　　　　　　191
9.4　设计的收尾工作　　　　　　　197

01

UI的学习准备

1.1　UI是什么

1.2　UI行业的发展

1.3　UI应该如何学习

1.4　UI设计的软件

1.1　UI 是什么

UI 是什么？这是我们学习 UI 设计前首先要了解的概念。

UI 的英文全称是 User Interface，中文翻译为用户界面，是机器的系统、指令通过视觉化的图形进行呈现的界面。这个界面和普通平面设计不同的地方在于，它是"动态"的，可以对用户与机器产生的操作进行反馈和提示，也是人类与机器进行交互的重要媒介之一。

在国内，UI 这个词汇是从 2010 年苹果公司发布 iPhone4，掀起了移动互联网热潮开始被大众熟知的。从那以后，中国的移动互联网以飞快的速度发展，在短短几年的时间内就彻底改变了我们的生活。

所以很多人将 UI 视为智能手机的界面，但实际上，UI 在智能手机诞生以前就已经出现了，并且经过了几十年的实践与发展。

世界上第一台应用了用户界面的产品是由施乐公司于 1973 年发布的 The Xerox Alto，从此，苹果、IBM、微软等公司也相继开始研发和推出支持图形界面的系统和设备，改变了我们的世界。

图形界面为什么会有这么大的影响呢？因为在此之前，我们对计算机的操作只能通过输入"命令行"的形式执行，不仅操作效率低下，并且学习成本极高，使得计算机成了只有专业人员才会使用的工具。

图形界面的引入，将这些复杂的命令和代码进行了视觉化的呈现，让用户可以以极低的成本去学习和使用计算机，并且为更多的生产力、娱乐软件提供了交互基础。视觉界面的发展已经让智能终端设备走进了千家万户，让不到 5 岁的儿童都能熟练使用个人平板电脑，这在 20 世纪还是无法想象的事情。

目前，智能手机是用户数量最多、使用范围最广的智能终端设备，任何智能手机都会搭载丰富的图形界面，并且支持用户在系统应用商店中下载并安装海量的App 软件。

UI 设计的主要应用方向，就是为智能手机设计 App 界面，将指定的服务和功能通过可视化的方案呈现出来，这也是本书的主要内容。

但是，UI 不仅是智能手机的界面，还包含搭载了智能系统和显示屏的设备界面，例如餐厅的自助点餐机、银行的 ATM、车载系统等。

并且，随着 5G 的大力发展，物联网会为行业带来更多的变革与可能性，会有越来越多的设备开始联网，并提供可交互的屏幕与界面。这不仅会为用户带来更多的便利，也会带给 UI 设计师更多的工作方向和发挥空间。

希望读者可以意识到手机 App 界面的设计并不是 UI 设计的全部，未来还有更多的挑战与机遇在等待我们。

1.2　UI 行业的发展

在国内，UI 设计师这个职位也是在移动互联网的浪潮下快速发展并被大众所熟知的。

因为行业的过快发展，无数互联网创业公司如雨后春笋一般快速成立并崛起，但是此前并不具备相应的人才储备，也没有相关的设计专业，从而造成了大量的职位空缺。

正是由于这种空缺性，对设计师的要求自然就维持在极低的水平，因此在 2010 年后的几年里，只要懂得使用 Photoshop，能设计出 App 界面，那么不管水平如何，几乎都能找到工作。

并且，互联网行业是一个受到资本助推和追捧的行业，从业人员的工资水平远超

其他行业的相关职位，例如，一个只要稍微懂得怎么使用 Photoshop 做 App 的 UI 设计师，工资就可以与传统广告公司里的资深美术指导比肩。在相当长的一段时间里，UI 设计师是国内月薪过万元且门槛最低的职位。

时至今日，这种空前的红利期已经不复存在，行业的发展和沉淀，使得 UI 设计师的入行门槛不断上升，对其的要求越来越严格。只会使用软件仿制别人作品的方式已经行不通了，对于 UI 设计而言，不仅对产品、交互等延展性知识有要求，而且对作品本身的设计质量要求也越来越高。

有很多人在这个过程中被拒之门外，并宣扬"UI 行业已经饱和，没有前途"的论调，殊不知，这是一个高薪行业从"蛮荒"步入正轨的必经阶段。不仅入行门槛提升了，而且早期入行且水平较差的设计师，也会在优胜劣汰的环境下被淘汰。

至此，可能已经有读者感到学习 UI 设计的压力巨大，前途渺茫，其实大可不必。行业步入正轨是一件好事，因为它代表了这个行业是受到市场肯定且不可或缺的，不是昙花一现的繁荣。

还有另一种观点，就是随着人工智能（AI）的发展，AI 会很快取代 UI 设计师，根据需要自动设计并生成界面。实际上，该观点在短时间内并没有实现的可能性，因为真实项目中的 UI 设计所需要的逻辑和思考方式是这个阶段的 AI 所无法胜任的，AI 还会经历相当漫长的发展之路。在未来 10 年内，AI 可能会成为辅助我们更快地完成设计任务的工具，但绝无可能将 UI 设计师取而代之，所以我们无须为此感到忧虑。

UI 设计根植于科技行业的土壤，是科技行业的子集，科技行业越繁荣，UI 设计的发展前景也就越明朗。在可以预见的未来，IT 互联网信息技术会成为生产力发展不可分割的一部分，无论是人工智能、大数据、物联网还是 5G，都可以为我们的生活和社会带来巨大的进步和发展，即使它们目前还处于刚刚起步的阶段。

正如前文所述，这些技术的发展会为 UI 的应用创造出更多的场景和需求。即使会出现阶段性的波动或停滞，大方向也是不会动摇的，所以我们无须为 UI 行业的前景感到悲观或患得患失。

之所以简单探讨这个话题，是为了帮助还在 UI 行业大门口徘徊的新手坚定信心，虽然职业的道路上充满挑战，但是机遇是并存的。新手在入门阶段应该做的就是摒弃急功近利、投机取巧的心态，依靠扎实的基础迎接接踵而至的挑战。

1.3 UI 应该如何学习

如何在 UI 领域打下扎实的基础？

这不得不提及我自己的经历，从 2009 年从业至今，已经超过 10 年，虽然我在这个过程中取得了一些微不足道的成就，但在设计能力的进步速度上却远远没有达到预期，而且在相当长的一段时间里虽然自己的学习状态良好，但水平还是"原地踏步"。

我所遇到的问题也是大多数学习 UI 的人会遇到的问题，概括成一句话，即"为什么看了那么多书且学了那么多软件，就是做不好 UI？"

在付出了 10 余年反复碰壁的沉重代价以后，我才明白问题的根源在于缺乏明确的学习目标，以及理论与实践的结合。

本节会对这两个方面进行说明，从而帮助读者了解 UI 应该如何学习，避免重复犯下我所犯过的错误。

学习的目标

明确学习的目标就是为学习规划出具体的范围，这是初学者最需要进行的步骤。UI 是一门相对博杂的学科，有待学习的内容数不胜数，但可以用于学习的精力和时间却是有限的，这就意味着我们必须要做出筛选和取舍，先从以下几个方面说起。

设计类型，就是我们要设计的作品类型。前文已经说过，UI 设计不是只有 App 界面设计一种，还有车载系统、智能穿戴、网页、管理系统、数据可视化等界面设计。

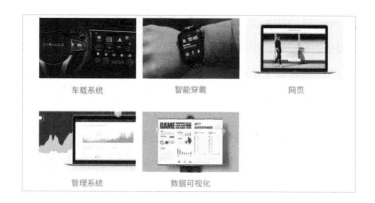

车载系统　　　　　智能穿戴　　　　　网页

管理系统　　　　　数据可视化

每种设计类型都有不同的规范、设计方式、理论和行业共识，如果我们同时开启多条学习线程，一心多用，就会大大增加学习难度，极大分散我们的注意力。所以在每个阶段保持对单一设计类型的专注，是非常重要的。

在明确设计类型以后，接下来就需要确定学习目标，这里需要警惕：真正的学习目标并不是给自己制订一个详细的计划清单，并精细到小时来安排自己的学习过程，而是明确我们的学习结果，并以结果为导向开展学习过程。

因为 UI 设计的首要目标是界面的视觉设计，而不是学习交互和产品知识，所以最合理的方式，就是先找到具体的设计案例，可以是你喜欢的 App，也可以是你喜欢的某套作品，并在此基础上尝试独立设计出相同视觉水平的作品。

我们要知道，每一种设计大类，都是由若干子类所组成的，比如移动端 App，就包含本书后面所说的控件、组件、图标、规范等子类。因为有了参照物，所以我们可以很轻松地找到哪些子类的设计能力不足，然后针对它们逐项展开练习，最终提升整体的水平并达成目标。

设计不像英语之类的学科有专业等级考试，如果没有制定以结果为导向的目标，那么设计的学习是没有尽头的，我们无法评估学到什么程度才可以，应该什么时候切入下一类型或阶段的学习，这些不确定因素会干扰我们的学习过程，慢慢摧毁我们的自信心。

也正因为没有专业的等级标准，大多数人的认识就是看完相关图书，或者学完某套完整的教学视频，能用软件把设计内容做出来，就是"学会了"，若作品不理想，就归咎于自己没有设计天赋，没有学过美术等不相关的原因。殊不知，这只是我们学习设计所迈出的第一步，离学会设计还有非常大的差距，需要通过长期且有针对性的练习进行弥补。

这种错误的认识，使得很多勤奋刻苦的新手在刚刚走出 UI 设计的第一步时就开始涉猎下一类型，并重复相同的错误。例如，有些新手学会了用软件做出界面，就开始学习插画；临摹出了几个插画案例，就开始学习建模；跟随教学视频完成了几个场景的建模，又开始学习特效，周而复始。最终，虽然他们看起来掌握的技能数不胜数，但无一精通，不能胜任职场专业的需要。

所以，如果想要避免这样的事情发生在自己身上，就要为自己制定一个明确的目标。

理论与实践

在 UI 的知识体系中，理论知识占据着很重要的席位，但是，应该如何学习和应用理论，我却持有一些不同于主流的观点。

在常规的 UI 学习路径里，都建议新手先阅读相关的理论图书，如《点石成金》《交互设计精髓》《用户体验要素》《设计心理学》等，这些无疑都是好书，但是先阅读它们对于实现前期的学习目标几乎没有帮助。

这是因为，UI 设计是一门以实践为核心的课程，并且其大多数相关理论都是以辅助实践为出发点的，我们无法直接套用理论来完成相关的实践，这与相对成熟的理工类学科截然不同。

例如，在运用统计学进行产品的数据分析时，贝叶斯定理、正态分布等相关理论是构建概率推导的基石，如果不具备这些理论，那么后续的推导分析就无从谈起。而在 UI 领域，要设计出美观、可用的界面，即使我们不具备相关的理论基础，也可以依靠模仿和日常经验来实现。

类似于用户体验五要素，包含表现层、框架层、结构层、范围层、战略层，我们可以应用它们来分层次地分析竞品，或者逆推自己产品的不足之处，但它无法直接告诉我们应该如何设计，一个按钮应该用多大尺寸，标题应该用什么颜色，怎么把界面设计得整洁、美观、易用。

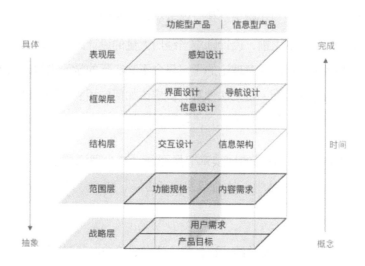

再者，多数设计理论的适用范围是非常模糊的，需要根据具体场景来判断。比如，在交互层面我们希望带有警示性的元素能被凸显，从而易于被用户感知。如果我们使用配色理论来解决这个问题，那么可选理论有：①红色是可见光谱中长波末端的颜色，对视觉的刺激最大；②应用背景色在色环中的互补色，可以产生的对比效果最强烈。

在应用理论①时，如果背景色是深蓝色，再使用红色的元素，那么效果肯定很不理想，不如使用黄色有效。而在应用理论②时，如果背景色是绿色，那么理论上应当使用的对比色是红色，但实际效果非常"诡异"，远不如使用白色显眼。

前面的案例并不是为了刻意贬低 UI 相关理论，而且多数设计理论的本质是在实践基础上的升华。我们可以应用理论来调整和细化我们设计的作品，为设计的细节提供依据，或者使用多种维度的理论更客观地分析和评判设计作品，这是设计师从优秀迈向卓越的必经之路。

在设计领域，理论的学习和应用是建立在充分的实践基础之上的，也就是说，在开始系统掌握理论知识之前，设计师应当经历大量的设计练习和产出。理论并不是我们的首要目标，过度在意理论的学习只会影响实际的学习进程，因为我们既无法判断它们的适用范围，也无法理解它们应该如何应用到我们的设计中，这就是很多新手无论怎么看书并加强理论学习都难以提升设计水平的原因之一。

所以，针对这种情况，本书的后续章节尽可能地减少理论的堆砌，而将重点放在实践的方法与经验总结中，从而帮助读者更好、更高效地完成界面设计的学习目标。

最后，对本节内容进行一次总结，这是我认为有效的 UI 学习步骤。

（1）确定学习目标：自己喜欢的或优秀的设计案例，并将这个目标作为自己学习的结果标准。

（2）分析学习任务：要做出这个水平的作品，应该学会哪些软件、技术或理论，并利用最短的时间学习和练习。

（3）获得练习反馈：通过实践练习，对比目标作品，仔细分析自己的不足，以及欠缺的或需要提升的技能细节，并对其加以练习。

（4）规划下一阶段：如果已经无法在自己的实践练习和目标对象中发现明确的差距，就可以开始规划下一阶段的学习。

1.4 UI 设计的软件

在整个设计领域中，UI 设计的相关软件的数量应该是最多的，并且还处于每年都在递增的状态，无论是社交媒体还是公众号，每隔一段时间就会有一个新的"爆款"软件诞生，相信已经关注 UI 行业一段时间的读者已经有所体会。

很明显，我们的精力无法应对所有软件和工具的学习，依旧需要在这个阶段中进行取舍，所以为了帮助读者对相关软件形成一个整体认识，本节会给出在初学阶段应该掌握的相关软件及其具体功能。

软件的分类介绍

下面，我会根据软件对应的功能将它们划分为几个大类，以便于大家认识它们。

视觉创作

视觉创作软件是主要用来进行平面创作的工具，需要完成 UI 中插画、图标、广告图等平面图形的设计与合成。

主要软件：Adobe Photoshop、Adobe Illustrator。

Adobe Photoshop

Adobe Illustrator

界面设计

不同于视觉创作软件，界面设计软件更注重高效的 UI 排版和展示，是我们设计界面的主要工具。

主要软件：Adobe XD、Sketch。

Adobe XD

Sketch

原型创作

原型创作软件是专门用来绘制线框原型的工具，并且便于在原型文件中进行逻辑标注和连线。

主要软件：Axure、ProtoPie、墨刀、摩客。

Axure

ProtoPie

墨刀

摩客

交互动画

交互动画软件是用来将静态的设计稿制作成交互动画的工具。

主要软件：Adobe AE、Flinto、Principle、Framer、Origami、Hype3。

Adobe AE   Flinto   Principle   Framer   Origami   Hype3

代码编程

代码编程软件是用来编写代码文本并生成相关软件运行文件的工具。

主要软件：Adobe Dreamweaver、Xcode、Sublime Text。

Adobe Dreamweaver   Xcode   Sublime Text

切图标注

切图标注软件是用来生成切图和标注文件并完成团队协作的相关工具。

主要软件：蓝湖、Zeplin、PxCook。

蓝湖   Zeplin   PxCook

软件学习规划

上面只罗列了在各个分类中应用较广泛的几款软件，只占总体的一小部分，但千万不要慌张，因为在每个领域中，我们只需要熟练使用一两款软件即可，而不需要样样精通。

本书作为一本讲述设计方法的工具书，不会加入软件的教学，所以想要熟练应用本书所教的内容，读者需要先具备相关的软件基础。下面会将所需的软件技能罗列出来，这些要求除了满足本书所需，也是实现学习目标最精简的方法。

我们要知道，学习软件的目的是可以进行设计的实践，并为我们的学习目标服务。如果有什么软件就学什么软件，或者想要精通 Photoshop、AE 这类"巨无霸"软件，都是不切实际的。我们在这个阶段需要学习的软件有 Adobe Photoshop、Adobe Illustrator、Adobe XD/Sketch。

Adobe Photoshop

Photoshop 是设计软件中最知名的一款，不仅家喻户晓，而且可以说无所不能。既可以用它调整照片，也可以用它画插画、制作名片、设计海报，甚至还可以用它制作 GIF 动图。即使有 10 年设计经验的设计师也不敢轻言已经掌握了它的所有奥秘。

所以，我们从开始学习 Photoshop 时就要具有针对性，不要企图将它的所有功能全部掌握透彻。我的建议就是，首先看完一两套相对简易的 Photoshop 教学视频，对它的功能有一个大致的认识与理解。

然后，我们就可以有针对性地提升指定的几项能力，包含 Photoshop 的界面排版、图标绘制、扁平插画等。通过这些技巧的使用，可以绘制 UI 所需的插画、复杂的图标、广告图等内容。

为了进一步提升这些能力，就需要通过网络搜索找出相应案例的软件教程进行学习，并分析每个操作步骤涉及的软件功能与逻辑，比如"30 分钟美工刀拟物设计""电商巧克力广告实战演示"等教程。

如果我们将主要的学习目标固定在这个范围，就可以先忽略 Photoshop 中的关于合成、抠图、修片、3D 等内容。并且，学习 Photoshop 有利于我们今后学习其他设计软件，因为它无处不在的影响力，使得大多数设计软件都借鉴过它的操作逻辑和交互方式，所以在学习其他软件时会更容易。

Adobe Illustrator（AI）

与针对位图进行创作的 Photoshop 不同，AI 是一款矢量绘图软件。虽然 AI 所拥有的功能并不比 Photoshop 少，但是我们学习 AI 所要掌握的知识相对 Photoshop 而言更少，并且因为对 Photoshop 已经有了一定的了解，学习起来也就更轻松。

在 UI 设计中，需要使用 AI 进行绘图的对象主要分为两种，即工具图标和矢量插画。而它们只需要设计师熟练掌握路径的绘制、路径查找器、蒙版等基础功能即可。

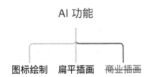

所以，我们只要在网上搜索相关的 AI 教程，阅读基础的章节，并适当临摹一些图标和插画，就足以应对 UI 设计的需要了。

Adobe XD/Sketch

最后，我们需要熟练掌握 XD 或 Sketch 中的一款软件。

零基础的新手可能会有疑惑，Photoshop 和 AI 就可以制作界面，为什么还需要额外的界面设计工具呢？这就要涉及 UI 设计中界面的特性，通常其在视觉上并不复杂，但一款 App 会包含数量众多的页面，Photoshop 和 AI 的操作方式无法很好地应对这些特性，所以它们才是 UI 设计师的主要工具，而 Photoshop 和 AI 仅作为辅助工具来完成一些特定的图形设计。

Sketch 是目前应用非常广泛，功能非常强大的界面设计工具，之所以还要列出 XD，是因为 Sketch 只支持在 mac OS 系统中运行，对于使用 Windows 系统的读者，就只能使用 XD。

这两款软件都非常轻量，在具有一定的 Photoshop 和 AI 基础以后，我们只要花费一两天的时间就可以完全掌握它们的功能，不用特意缩小学习范围。

而对于这种轻量化的学习工具，最好的学习方法就不是观看教学视频了，而是在其官网花费一两个小时看一遍完整的功能手册，再临摹一两套 UI 的界面即可。

在掌握以上几款软件后，我们学习 UI 就基本没有技术上的障碍了，可以尽情地开始进行 UI 相关的设计与练习了，它们足以支撑我们设计出任何优秀的移动端 App 的界面。

至于其他软件，只有在明确了下一类型的设计目标时，才有涉足的必要，堆砌软件技能的做法对于学习 UI 是弊远大于利的。尤其是在界面设计能力还很差的情况下，就开始学习 AE、Axure、DW 等软件，只会得到与预期相反的结果。

只有将学习无用软件的时间，更多地花费在具体的设计练习上，才能更好地帮助我们进步，成为一名优秀的设计师。

02

UI的基础知识

2.1 App的视觉组成

2.2 关于分辨率

2.3 系统设计规范

2.4 UI视觉与交互

2.1　App 的视觉组成

App 的设计，经历了从"拟物"到"扁平"的发展，剔除了那些让人眼花缭乱的视觉效果，除了让信息的展示更有效，还大大降低了设计的难度。

为什么说扁平化的 UI 设计更容易呢？这就要分析当前 App 的视觉组成元素了。我们以花瓣 App 作为参考，统计界面中包含的设计元素。整个界面包含了图片、文字、几何元素和图标，见下图。

这时，我们再看下面的案例，以及手机上所安装的大多数 App，会发现，其界面也是由这些元素组成的。

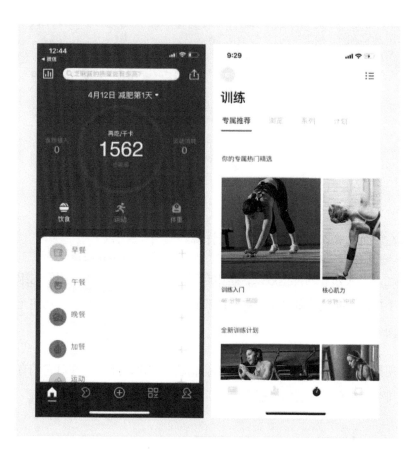

这些界面看起来似乎非常简单，但是，在我们的专业领域中，这些基础的元素还会组合成层级更高的两种类型，即控件和组件。在真实环境中，控件和组件的概念并不明确，非常容易混淆，本书为了便于读者的阅读和理解，对它们分别进行了定义。

控件，是执行某些特定操作和功能的单位，也是我们在使用 App 时最基础的操作元件。例如，在上述案例中，每一个图标都是按钮型的控件，在点击后会跳转到新的页面中。

组件，是由控件、文字、图片等元素组合而成的，是包含相对独立且完整的功能和信息的 App 模块。

本书会在后面的章节对控件、组件进行详解。

总而言之，一款 App 的视觉效果，是由若干个组件拼装而成的，不同的组件会包含若干个控件，而控件则是由最基础的设计元素，如图片、文字、几何元素和图标组合而成的。

App 的视觉设计，本质就是通过创建和绘制基础的设计元素，并对它们有目的性地进行排列、组合、上色的过程。

2.2 关于分辨率

作为设计师，就要对自己创作的介质有所了解，平面设计师要清楚纸质文本的局限，服装设计师要洞悉布料的触感。而 UI 设计师要掌握的，是显示器的显示准则。

在小学的电脑课程中，老师会教我们如何设置电脑显示器的分辨率，这应该是大家最早接触的分辨率的相关内容。分辨率的数值就是一个显示器的横向和纵向所包含的像素（px）数量，如下图所示的"2560×1440"的分辨率，就表示该显示器横向由 2560 个像素组成，纵向由 1440 个像素组成。

如果想要设计一个能撑满全屏的网页，就相当于创建一个与屏幕分辨率相等的画布，在这个画布上进行的任何创作都会与最终的显示效果相匹配。因为手机屏幕

同样是由像素组成的，有分辨率，那么顺着这个思路，我们按照手机屏幕的分辨率创建画布并展开设计，是不是也可以？

结论是不行的。

我们都知道，手机屏幕有无数种规格，并且会持续增加。相同的屏幕尺寸，就有多种不同的分辨率，如下表所示。

序号	尺寸	型号	分辨率	分辨率类型
1	5.5英寸	红米 Note5A	1280px×720px	High Definition，HD，720p
2	5.5英寸	畅玩 6X	1920px×1080px	Full High Definition，FHD，1080p
3	5.5英寸	Galaxy S7 edge	2560px×1440px	Quad High Definition, QHD，2K
4	5.5英寸	Sony ZXP	3840px×2160px	Ultra High Definition，UHD，4K

Galaxy S7 edge 的分辨率是红米 Note5A 的 4 倍，如果用像素来衡量，那么 QHD 的显示器应该比 HD 多容纳 3 倍的内容，同一款 App 的文字、图标也就会扩大 4 倍，从而造成视觉体验的巨大差异。

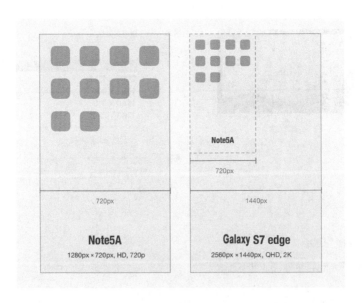

如果想让像素完美匹配最终的显示效果，则一方面我们需要设计多套画布尺寸；另一方面，在程序的设置中我们需要为不同规格的屏幕进行单独设置，这显然是

不能被接受的结果。所以，我们要明白用像素作为描述 App 元素宽度和高度的度量单位是不合适的。

在移动端的软件开发中，Android 和 iOS 对尺寸的定义，都采用了"点"的概念，即 dp 和 pt。"点"是一种需要显示器通过像素来解释的矢量单位，而不是真实的物理长度。

比如我们设置了一个 10pt×10pt 的圆，有的屏幕会使用 1∶1 的比例来解释，图标在该屏幕中的分辨率就是 10px×10px。如果屏幕使用了 1∶2 的比例，就是 20px×20px；如果屏幕使用了 1∶3 的比例，就是 30px×30px。以此类推，我们可以对这种比例使用 @1x、@2x、@3x 等的简写形式。

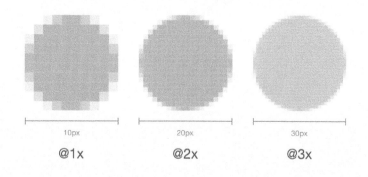

而屏幕会使用哪种比例，取决于显示器的像素密度——dpi。显示器的像素密度越高，它在解释"点"时所采用的倍率就越高（倍率 = 像素密度 /160），参考下面的列表。

序号	密度类型	像素密度 dpi	物理分辨率	逻辑分辨率	倍率	20dp 的实际像素
1	ldpi	120	320px × 240px	426.6dp × 320dp	@0.75x	15px
2	mdpi	160	480px × 320px	480dp × 320dp	@1x	20px
3	hdpi	240	800px × 480px	533.3dp × 320dp	@1.5x	30px
4	xhdpi	320	1280px × 720px	640dp × 360dp	@2x	40px
5	xxhdpi	480	1920px × 1080px	640dp × 360dp	@3x	60px
6	xxxhdpi	640	2560px × 1440px	640dp × 360dp	@4x	80px

所以，只要使用"点"作为尺寸单位，就可以在各种显示器中得到近似的显示效果，而不用为每种分辨率的屏幕都单独提供一套新的设计图。

"点"的认识对于新手来说是至关重要的，本书会在后面的章节中解释它在实例中应当如何应用。

2.3 系统设计规范

在手机、电脑或者其他智能设备上，App 的展示除了屏幕这种介质，还会涉及所运行的操作系统，不同的操作系统会对 App 产生不同的影响与限制。

在手机端，目前只需要关注两种主流的操作系统，即 iOS 和 Android。而要学会如何设计对应的 App，就要先熟悉它们的组件库，可以在其官方网站查看相关内容。下面会对上述两种操作系统分别进行简单的说明。

iOS

下图是 iPhone X/iOS 11 进行页面设计的标准框架。

该框架从上到下包含了状态栏、标题栏、内容区域、底部导航栏、主屏指示器共 5

个模块，以及左右的留白区域。下面分别对它们进行介绍。

状态栏：用来显示时间、WiFi、蓝牙、电量等状态信息的组件，在通话、录音等过程中都会有对应的提示。

标题栏：也叫导航栏，可以用来展示页面的名称或者内容的大标题，以及放置一些诸如返回、分享、购物车等功能的按钮。

内容区域：用来展示应用具体设计信息和功能的区域，如果内容超过屏幕的高度，则可以在这个区域进行上下滚动。

底部导航：也叫标签栏，对应着功能板块的导航入口。

主屏指示器：用来返回系统主屏的操作区域。

留白区域：页面元素距离屏幕边缘的留白空间，左右各为 15pt。

除 iPhone X 以外，非全面屏的 iPhone 在页面的布局中会有一定的差异，状态栏的时间显示在中央，并且没有用底部的主屏指示器，如下图所示。

在刚开始学习 App 设计时，我们要先了解、熟悉它们的框架，并且在设计创作中

尽可能采用标准的官方组件进行界面布局，例如下方的 iOS 官方应用。

而在 iOS 平台中，对于默认字体的使用而言，中文使用 "苹方(PingFang SC)"，英文、数字使用 San Fransico。在设计的过程中，我们只需要使用苹方即可，该字体应用的英文、数字字体类型就是 San Fransico，不需要我们每次对英文、数字独立设置字体类型。

Android

下面是 Android Material Design 的标准框架。

状态栏
Status Bar

标题栏
App Bar

内容区域
Content

留白区域
Margin

底部栏
Nav Bar

在结构上，Android 的规范和 iOS 的不同主要体现在对于内容的导航展示上。iOS 是在界面底部罗列导航的条目，而 Android 的规范则是建议罗列到隐藏于屏幕左侧的菜单中，并通过点击导航图标或者使用相关的手势操作打开。

对于这一差异而言，我们暂且不讨论孰优孰劣，但可以发现，国内很多的 Android 应用都没有遵循 Material Design 的规范，而是使用了 iOS 的导航栏样式。下图中的案例，从左到右依次是携程、UC 浏览器、大众点评的 Android 版本。

为什么会造成这种情况呢？实际上，国内 Android 应用的设计脱离官方的规范，不仅是因为设计师的专业能力问题，还源于国产手机厂商的商业诉求。

绝大多数国产手机厂商都希望通过独特的、具有标识性的设计语言来吸引用户，如小米的 MIUI、魅族的 Flyme、一加的 H2OS 等。在这些系统的设计中，还可以发现国产手机厂商对 iOS 的高度认可，体现了其对苹果的"致敬"，如下图所示的界面的案例，从左到右依次是小米、魅族、锤子的手机界面。

既然以生产厂商为首的开发者和设计师们都不遵循 Android 的规范，那么应用的

开发团队自然也没有遵循的动力。并且，对于一款应用而言，如果要针对两个系统进行差异化设计，是非常消耗团队成本的行为，所以应用的开发团队会更愿意套用 iOS 的设计来开发 Android 版本。

所以，以 iOS 作为设计 App 的主要平台是目前的普遍做法，本书也会重点以 iOS 的视角展开对设计的讲解。

各个系统的规范，都只是一种"建议"。当我们的业务性质、功能、风格的要求在规范无法完全满足时，就可以勇敢地抛弃规范，大胆地进行尝试。例如，下图为两个苹果官方精选的 App——Streaks 和潮汐。

最后，对于每一个 UI 设计师而言，熟悉完整的系统设计规范是必要的。

2.4 UI 视觉与交互

交互是学习 UI 的必修课之一，但对于新手而言，理解"交互"是什么其实并不是一件容易的事情。

简单来说，交互是用户与 App 互动时的行为与模式，也就是说，当用户想要达成某种目的时，他会通过什么行为去操作 App，而 App 会对他的操作做出什么样的回应，以及如何引导他完成后续的操作。

例如，给微信中的好友发送一个表情的过程如下所述。

（1）点击聊天界面下方表情的图标。

（2）微信从下方推出表情列表界面。

（3）左右滑动查找想要的表情。

（4）点击目标表情的图案。

（5）聊天列表中弹出该表情。

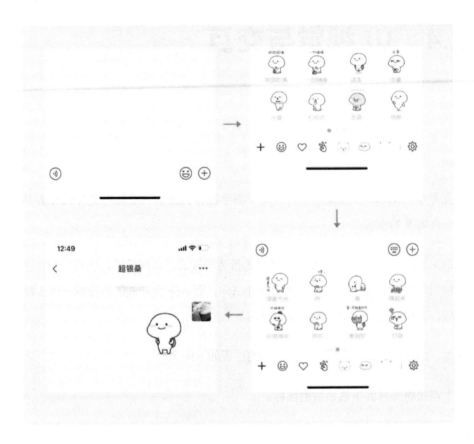

在这个过程中，我们看到的微信界面，叫作"交互界面"；我们使用的点击、滑动的操作方式，叫作"交互行为"；从屏幕下方推出界面的效果，叫作"交互动画"；在微信中需要通过滑动的交互行为才能查看更多表情的操作，叫作"交互方式"；而完成发送表情这个目的，所经历的整个过程，叫作"交互流程"；最后，我们在整个交互流程中进行操作的感受，就是"交互体验"。它们共同构建了整个交互体系，缺一不可。

大家可能都听说过交互设计师（UE），他们不是对界面的视觉元素进行设计的设计师，而是对这个体系进行规划的设计师。

具体来说，在上述通过微信发送表情的案例中，交互设计师也可能给出这样一套设计方案：表情列表会在点击图标后以弹窗的形式展现，并且表情列表可以通过上下滑动的交互方式进行滚屏显示。

上面的这个原型，就是对交互进行的设计和变更，至于如何对它进行美化，落地成最后的设计方案，就是 UI 设计师的责任了。

在一个拥有交互设计师的团队中，产品经理负责规划产品应该有什么功能，交互设计师负责构思这个功能应该如何操作，界面设计师则负责通过视觉的设计让操作过程更容易被理解，以及让操作界面更美观。这就是交互设计师和界面设计师的区别。

最后，在此还要对一个名词进行说明，就是"用户体验"，至今还有很多人会将用户体验等同于交互体验，这是错误的。交互体验是我们操作 App 时的感受，而用户体验是一个涵盖更广泛的名词，是用户作为一款产品的使用者对产品服务和交互的感受的总和，有更复杂的评价标准。

比如，一款在线音乐 App 设计得非常出色，交互体验极佳，但是它可以播放的曲目非常少，并且它的大多数曲目都是用户不感兴趣的歌曲，那么它也是一款用户体验不佳的 App，无法满足用户的核心需求。

03

平面设计四要素

3.1 UI设计中的对齐

3.2 UI设计中的亲密

3.3 UI设计中的对比

3.4 UI设计中的重复

3.1　UI 设计中的对齐

平面设计四要素——亲密、对齐、对比、重复，构成了平面设计中排版的基石，它们的重要性不言而喻。本书将通过具体的 UI 案例来介绍它们的作用和意义。

首先，我修改了它们的"出场"顺序，将对齐作为第一个讲解的对象。之所以这么做，是因为对齐在 UI 设计中是使用频率最高的操作，也是人类最原始、基础的设计行为。

在我们的日常生活中，会产生很多和设计相关的实践，而这些实践已经成为我们习以为常的一部分。例如，在学生时代作为值日生整理课桌椅时，我们需要将课桌椅摆放整齐，而这种整齐的依据，就是通过对课桌前后左右的边缘进行对齐得来的。

整齐、规则的教室，远比凌乱、没有规则的教室更能在视觉上让我们感受到秩序与和谐。

所以，只要我们稍加回想就能记起很多类似的场景。那么，下面我们就来具体学习 UI 设计中的对齐是如何应用的。

参照物

对齐，是描述两个元素之间的关系的，一个没有参照物的元素是无法进行对齐的。

值得注意的是，在画布中，当我们置入第一个设计元素时，就会开始进行对齐。这是因为，画布本身就是这个元素的参照物，而它的参照意义往往会被我们所忽视。

例如，为一堵空白的墙壁挂上一幅艺术作品，墙壁本身就成了创作的区域，它的上下左右四条边缘，就成了我们的参照物，当我们摆放这幅作品时，就会尽可能地将它和墙壁的四条边缘进行平行对齐，这样才能让它看上去整齐、严谨。

UI 中的画布，就是电子屏幕，它是 UI 设计中最重要的参照物，大家都会下意识地将屏幕中的元素和它对齐，需要我们通过主观意识将其引入设计的思考过程中，从而创造出更多有趣的设计。

例如，我们可以通过刻意破坏元素和屏幕间的对齐来表现冲突，提升内容的张力。

对齐方式

在这里，我们可以先将对齐分为边缘对齐和中心对齐两种类型。

边缘对齐

边缘对齐，即通过元素的边缘进行对齐的方式，包含上对齐、下对齐、左对齐和右对齐，这种对齐方式看似完全没有解释的必要，任何人都清楚它们的使用方式，原因就在于"边缘"这一属性。

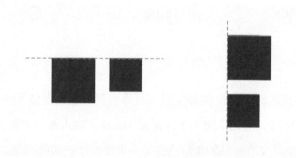

对于新手来说，元素的边缘即可视区域的边缘。假设在顶部标题栏的左侧和右侧分别添加一个搜索图标和一个消息图标，并将图标的边缘与内容区域的边缘对齐，就会得到如下图所示的结果。

那么哪里有问题呢？那就是在 UI 设计中，元素的实际尺寸不一定是它的视觉尺寸，该元素可能会被放置于一个包含具体宽度和高度的矩形框架内，如 Android 官方控件库提供的图标。

所以我们在标题栏中添加图标的效果应当如下图所示。

除了图标，还有文字的边缘也值得注意。因为当我们在设计软件中输入文字时，会生成一个文本区域，而无论使用 XD 还是 Sketch，输入的文字都会有一个默认行高，而该行高就是文本区域的实际高度，会大于文字的实际高度。

输入文字默认的高度和宽度

逻辑上文字显示的高度和宽度

所以，当文字与其他元素进行对齐时，我们也会根据文本区域的边缘进行对齐，如下图所示。

另外，我们可以仔细分析，在 iOS 和 Android 官方组件库中，是如何对设计元素进行对齐的。

中心对齐

中心对齐，即根据元素的中心点进行垂直、水平方向对齐的方式。

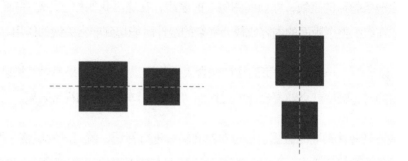

值得注意的是，文本与图形元素在进行中心对齐时，文本图层本身的文字对齐方向，是新手非常容易忽视的细节之一。

下图左侧的案例，就是新手常犯的错误，只将对应的元素图层进行中心对齐，而文本图层还是默认的文字左对齐，这会让我们在浏览时有种说不出的、别扭的感觉。而右侧的案例则是对它进行改正以后的正确效果。

iPhone8 红色年度特别版
全新上市现已开放预购

¥5837

已有 234 条评价

iPhone8 红色年度特别版
全新上市现已开放预购

¥5837

已有 234 条评价

第三，对齐轴线

无论是平面还是 UI ，当两个或多个元素进行了对齐时，在它们对齐的方向上就会产生一条隐形的直线，即前面图例中的虚线，在这里我们称它为对齐轴线。对齐轴线在组织整个版面的内容或较为复杂的组件时能起到非常关键的作用。

在 UI 设计中，一个完整的页面往往包含大量的视觉元素，如果不对其加以控制，画面中的对齐轴线就会随着设计的过程而"野蛮"增长，影响视觉效果。

下图是亚马逊移动端的截图，通过对对齐轴线进行标记，就可以发现整个页面的对齐轴线的数量不仅多，而且大部分元素与上方和下方的其他元素无法建立对齐的联系，从而导致页面的视觉效果比较混乱。

再看另一个案例——造作的移动端 App，在页面的设计中就严格地控制了对齐轴线的数量，从而使页面的视觉效果更佳。

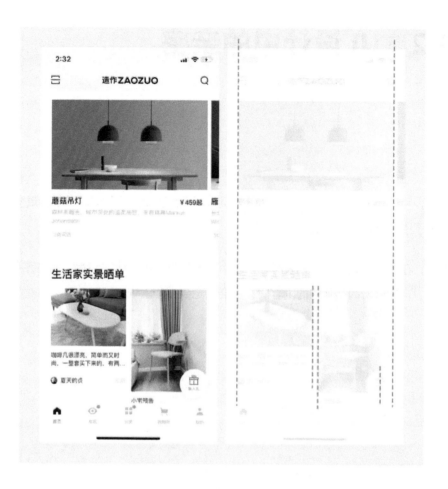

在进阶的平面理论中，网格系统（即栅格系统）的运用，本质上就是通过对对齐轴线的提前规划，组织页面元素的对齐方式。这些隐形的对齐轴线，可以为前后没有直接关联的元素建立视觉联系。

任何优秀的 UI 设计案例都会对对齐进行严格的控制，尽可能地将元素对齐到最少的对齐轴线上，这是带给用户优秀视觉体验的开端。

3.2　UI 设计中的亲密

对齐，可以建立视觉的秩序，是为了满足本能而设计的。而本节所说的亲密，则是为了主观意识而设计的。

例如，在设计设置界面的列表时，只应用对齐的方法可以让它们看上去整齐有序。但是，当你试着阅读其中的内容时，就会感觉到有些困难。

下面，我们对其布局进行一些简单的调整。

与第一个案例相比，后者明显查看起来更加容易，而它们的区别只是在于间距的不同。

在一个二维平面中，元素间的距离，会成为它们亲疏关系的外在表现，离得越近的元素，它们的亲密性就越强，就像我们走在大街上，就可以通过行人间的距离来判断他们是否相互认识。

在第一个案例中，标题、说明、分割线间的距离，几乎都是一致的，我们在潜意识中会将它们理解成互不相关的元素，即使在主观意识中明白分割线是对不同选项的隔离。这就导致分割线其实并没有很好地发挥作用，需要我们调用更多的注意力去抗衡逻辑上的误导。

亲密的应用，就是为了让设计更符合逻辑的预期，更易于用户查看和理解页面的内容。

下面我们就来看看，亲密的相关知识都有哪些。

元素层级

在介绍间距前，我们要先理解一个概念——层级。

在 UI 设计的界面中，因为内容上的差异，会形成不同的功能模块（也就是组件），而这些模块下还会包含层级更低的模块和元素。就像我们前面章节所提到的，组件下还包含若干控件和文字。

如果我们想要理解层级，则可以使用树状图对本节开头的案例进行深入分析，元素层级的关系如下图所示。

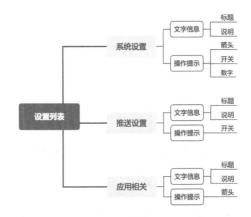

在我们开始进行设计前，对于元素层级的理解是至关重要的，如果我们不能正确地表述层级结构，就会将界面排版得非常混乱，严重影响浏览体验。如果我们想要提升这种能力，就要不断分析和总结优秀案例，掌握其中的规律。

例如，下图为一个简单的案例——轻芒阅读的动态列表卡片。

该案例从上到下分为了 3 个模块，即来源、内容和信息。来源模块包含了动态的出处和管理按钮；内容模块包含了文字信息和缩略图，而文字信息下还包含了标题与详情文字；信息模块则包含了发布时间和操作数据，即点赞和分享的数量。

再看一个更复杂的案例——Enjoy App 的套餐详情页是如何对层级进行处理的。

在该界面中，除顶部的固定返回及操作按钮以外，其他内容也被分为了 3 个模块，即展示图、选项和信息。展示图模块包含了套餐对应的摄影图片；选项模块包含了选择套餐的选项卡控件；信息模块则包含了价格相关、推荐理由、店铺信息 3 个下级模块。对店铺的信息模块进行分析可知，它包含了地址和电话，而地址又包含了店铺名和详细地址。

以上两个案例就是对层级进行分析的相关内容，读者可以顺着这个思路，继续分析手机中的 App 界面，看看能得到哪些有用的经验。

最后，虽然大多数设计领域都提倡简约，但现实往往难以尽如人意，无论是上级领导的"奇思妙想"还是复杂的业务形态，都会要求设计师在有限的空间中填充海量的内容。如何让用户不在这些信息中迷失呢？这种对元素进行归纳和拆分的思维，就是我们应对该问题的方法。

正如唐纳德·诺曼所说："分而治之"是一个对设计很有意义的古老战略。当系统中有很多片段时，就可以将它模块化，以使得在不同时间点只有相关的片段被关注。分组和条理化可以提供一个有效的结构来理解复杂问题。

元素间距

间距是亲密的最简单有力的表现工具。

通常，在一个区域中出现了 3 个或 3 个以上不规则分布的元素时，距离更近的两个元素就会让我们觉得它们具有某种联系而形成了一个整体，另外一个元素则独立于这个整体之外。

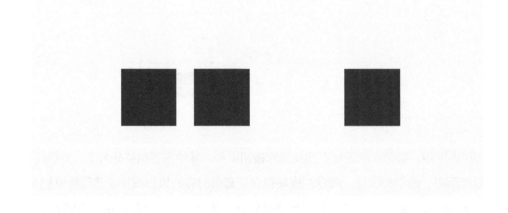

格式塔心理学曾对这种现象进行解释：我们的眼睛在观看时，眼睛和大脑并不是在一开始就区分出各个单一的组成部分，而是会将各个部分组合起来，使之成为一个更易于理解的统一体。

所以，当我们在预览更复杂的界面时，大脑会根据元素之间的间距快速划分顶级模块，再进入下一层级的检索，直到找到我们感兴趣的元素为止。

垂直方向

手机屏幕主要以直立的长方形呈现，内容以纵向滚动为主，这使得我们更习惯对内容进行从上到下的快速扫描来分辨界面的模块。所以在进行 UI 设计时，垂直方向的间距是我们首先关注的细节。

例如，在我们设计一个社交动态卡片时，内容区域中包含了两个下级元素，即图片和文本，那么它们的间距就应该小于内容区域与其他模块的间距。

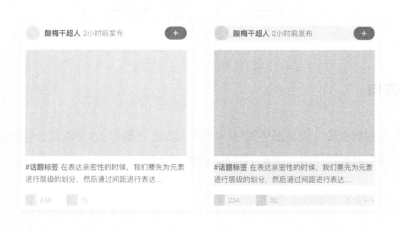

这就是控制垂直间距的方法，层级高的模块间距不应当小于层级低的模块间距。下图为两个 iOS 官方应用的截图，它们就很好地诠释了垂直方向上间距的应用。

水平方向

垂直间距固然重要，但是水平间距同样不容忽视，错误的水平间距会导致用户对元素的关联性判断错误，或者让画面看起来很别扭。

比如，我们来看下面这个案例。

对于同一层级的元素而言，如果水平间距过大，远远大于这些元素在垂直方向上与其他模块的间距，那么我们就会将这些元素与其他层级的元素进行关联，传达错误的视觉信息。

如果要解决这个问题，我们可以对元素进行移动，以符合亲密的规则。

但是，在真实的设计情境中，如果只使用间距来解决亲密问题，往往会让页面看
上去过于枯燥、简陋，所以，我们还可以通过添加分割线和背景色的方式进行调整，
将水平方向上分散的元素归入同一层级中。

上一节的 iOS 应用案例就使用了分割线的方法来解决列表元素在水平方向上分散
的问题。如果我们将分割线去掉，就会发现阅读的难度增加了，如下图所示。

所以，元素在水平方向上的分布，如果采取了左对齐或右对齐，或者元素的间距
极大，不符合亲密的定义，就需要我们进一步调整设计。

在 UI 设计的界面排版中，离不开我们对亲密的认识与表达，只有每一个元素都
经得起亲密考验的设计才能成为优秀的设计。

3.3　UI 设计中的对比

在对齐、亲密原则的共同作用下，我们可以设计出正确、合理的界面，这是我们通往卓越的第一步。但是，优秀的 UI 设计所包含的基础特性还不止这些，毕竟界面还承载了一些复杂的操作元素和产品诉求，需要在设计中表现出来。

操作元素，即可以和用户产生交互的控件，如按钮、开关、工具栏等元素。产品诉求，则是突出界面中最重要的元素和功能的要求。

例如，在购物 App 的商品详情页中，购买按钮是该页面最重要且最希望用户去点击的元素。所以，大多数购物 App 会对这个按钮进行特殊的处理，从而让它更突出、更有存在感，促使用户产生点击欲望。

当然，除了这种显而易见的元素，页面上的其他元素也应该区分出哪些是主要的，哪些是次要的。就像上面的案例，除购买按钮和图片外，较显眼的元素莫过于商品的价格，然后是商品的名称，销量、快递、所在区域等其他信息。

之所以有这样的对比，是源于本节的核心知识点——权重。

元素权重

和层级一样，每一个元素在画布中都会有自己的权重，即表示它们在页面中的重要性。越重要的元素，在视觉呈现上就会越被凸显，而对比就是用来体现元素权重的技巧。

例如，设计一个新闻类应用的信息流卡片，其中包含图片、标题、简介、评论和时间 5 个元素。

根据常规的判断，权重最高的元素必然是图片和标题，因为它们是用户特别感兴趣的信息。然后是简介，因为对图片和标题感兴趣，才会进一步查看内容介绍，从而确定是否值得点击以查看具体内容。接下来是评论，它可以从侧面反映该新闻的参与热度，热度越高，就越能刺激用户查看的欲望。权重最低的元素是发布时间，用来反映该信息的时效性。

通过上图我们可以看到，图片占据了最大、最重要的版面区域，标题比简介的字体更大、色彩更深、字重更重。而评论与发布时间虽然字号一样，但是评论比发布时间的色彩更深，更容易引起我们的注意。

说到这里，相信有些读者会感到费解，前面关于权重的结论是如何得来的呢？很好，这表示你们开始分析权重了……实际上，由于缺少有力的论据，前面的结论都是我假设得来的。

这就是设计中不确定的地方，相同的组件和元素在不同的应用、团队、行业中，得出的权重结果可能是不同的，所以最后呈现的设计也不一样。

现在将前面的结论改变一下，对于一个重视时效性的平台而言，其向用户传递的资讯都是第一手资讯，所以发布时间比评论的权重高，那么设计可能就会变成下面这样，发布时间比评论更显眼。

元素的最终样式和它的权重是密切相关的，会经过完整的逻辑演化。在每次开始设计前，对元素权重的理解都至关重要。

一方面我们可以通过产品经理的阐述来明确产品需求，另一方面我们需要对产品业务和逻辑有较深的认识，否则只会做出不符合目的的设计。

很多设计师在设计的过程中只关注界面的美观性，而忽略产品逻辑，这也是设计师和产品经理会产生矛盾的主要原因之一。界面的设计要建立在对权重的正确表达上，而不能只根据好看与否来进行。

需要注意的是，我们所设计的每一个元素，其权重都是有差异的，不是一模一样的。虽然有时它们看起来都很重要，但是这并不代表它们拥有同样的权重。如果想将所有的元素都突出，就会让它们看上去都不重要了。

对比方式

理解权重，是我们学习对比的开端，但对比的作用却不止于此，它还是丰富视觉体验的关键因素。一个整体样式过于一致、对比不强烈的界面，是无法带给用户良好的视觉体验的。

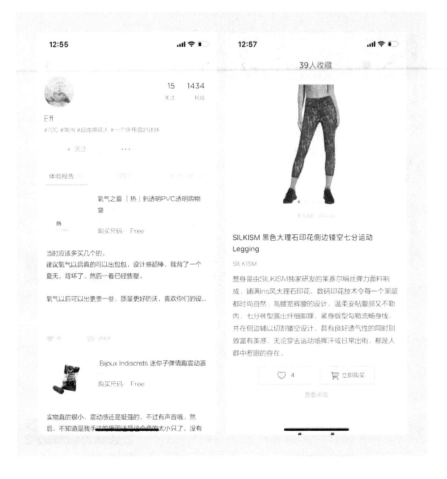

类似于上图中的氧气 App，很多新手在开始设计这类偏女性小清新格调的应用时，总是会倾向于使所有元素看起来都淡淡的、轻飘飘的，从而不断降低视觉对比。这就会使得应用的阅读性下降，眼睛检索元素的效率变低，使用时很快就会感到疲劳。

那么对比在 UI 中是如何体现的呢？分为下面的几种方式。

- 大小。

- 粗细。

- 色彩。

- 层级。

对比的大小

大小的差异，是对比中最容易被理解和使用的类型。元素越大就越会让人觉得重要，越小则反之。所以我们可以这样理解：在同类元素中，大小随着权重的变化而变化。

例如，我们在设计一个机票预订列表的卡片时，最重要的信息应该是价格，然后是时间，最后是机场、航空公司和航班号。那么我们可以得到如下图所示的设计。

大小的使用非常符合我们本能的预期，也是表现权重的第一步，就像网络上流传的那句话说的那样："知道设计的精髓是什么吗？LOGO 要大。"

但是我们要注意：权重的层级应当尽量精简。因为如果所有元素的尺寸都不相同，就会造成视觉上的混乱，并对真正重要的信息造成干扰。

对比的粗细

仅依靠大小的对比，明显是不够的，而且如果文字类型较多，是不可能对所有文字的大小都做出不同定义的，这样只会导致视觉上的混乱，并对真正重要的信息造成干扰。

并且，主流的字体在被放大后，因为笔画的关系会导致留白的空间过多，显得轻飘飘的，并不美观。这时就需要我们对它进行加粗，增强视觉冲击力。

另外，我们可以在尺寸相同但意义不同的文字中进行粗细的调整，以凸显其中较为重要的内容。

所以，我们可以对上述案例进行粗细的调整，将价格、时间等信息进行不同程度的加粗，让它们的对比更加明显。

对比的色彩

色彩的使用，则不如大小及粗细的使用那样容易，需要有扎实的色彩基础，这在本书后续章节中会进行解释。

我们需要简单地记住一个要点，色彩的凸显是需要依托环境进行判断的。如果是浅色背景，我们就用深色元素进行对比；如果是深色背景，我们就用浅色元素进行对比。

通常在主流的白色背景中，黑色、白色和灰色是默认存在的中性色，不包含任何特殊的情感或意义，而我们对 UI 的元素增加色彩，就是为了对它们进行凸显，从而使它们表达较高的权重，或者使它们表达可交互的信息。

这时我们再对上面的案例调整色彩，对价格、时间等核心信息使用不同的色彩进行展示，对其他文本则通过中性色的不同强弱进行调整。

色彩的增加,除了发挥上述作用,还可以很好地丰富画面的质感。但需要注意的是,色彩只能在必要的情况下增加,而不能为了对比而对比。

对比的层级

从 Google 的 Material Design 开始,引入了 *Z* 轴的概念,并使用了阴影去表现。

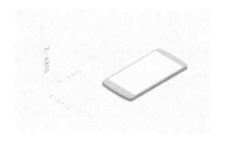

Z 轴的出现让元素不再只处于一个二维的平面空间,而是构建了一个三维的立体空间,让元素可以从平面中上浮或下沉,而这种位移可以使元素从平面中被更自然地孤立出来并进行凸显。例如,下图为潮汐和天天 P 图的案例,其中按钮等元素因为阴影的关系悬浮了起来,显得更立体。

而我们创造层级的方法，就是为元素添加阴影。任何元素的阴影都可以通过 4 个基本属性设置，即色彩（C）、模糊度（B）、横向距离（X）、纵向距离（Y）。色彩决定了阴影的强弱，模糊度决定了阴影的弥散程度，X、Y 的数值则决定了阴影相对本体的横向和纵向距离。

阴影的设置要与真实的光影世界有一定的联系，如果不考虑 X 的左右位置，则当 Y 和 B 的数值较小时，我们会觉得元素贴近背景平面，这是因为没有足够的阴影扩散距离；而当 Y 和 B 的数值较大时，元素就有了更明显的"悬浮"效果，形成了更开阔的空间感。

和前面的几种类型一样，层级的对比也要保持在合适的范围内。通常我们只会在一个平面中制定一两种表现层级的阴影类型，并将其作用在较关键的几个元素中，而不是肆无忌惮地添加。

以上就是对比的使用技巧，虽然看起来比较简单，但在实际项目中的应用却远远没有那么简单，实际上它是平面设计四要素中最容易出错、最难应用的部分。掌握了对比，就算是掌握了设计出精彩界面的精髓。

3.4　UI 设计中的重复

前文说过，对于元素多的界面，不能过度使用对比，这会对用户的认知造成极大的困扰。

同理，在整个应用中，如果每个界面都采用不同的设计方案，使用不同的配色，则一样会对用户造成极大的困扰。例如，下图为携程 App 的案例，其不同模块的设计样式差别极大，在进入其细分页面时，我们会有种打开了其他应用的错觉。

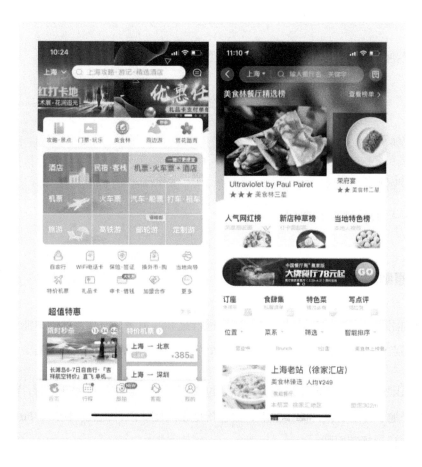

重复，就是为了避免产生上述问题所采用的策略，即尽可能重复使用相同的样式的方式。大家耳熟能详的设计规范，就建立在重复的基础之上。

设计规范

设计规范对于新手而言，会具备一种"只可远观而不可亵玩"的神秘感，是专业和"高大上"的代名词。因为大家所熟知的设计规范，都是由极为专业的团队建立的，如前文提及的 iOS、Android 系统设计规范，还有 Facebook、Airbnb 等团队的产品设计规范。

当我们在查看这些设计规范时，会由衷地感叹它们的专业与复杂。而这种敬仰之情对于大多数新手而言都是一种阻力，会让其觉得自己没有与之匹配的能力，从而放弃对设计规范的实践。

如果想要跨越这种阻力，就要明白设计规范的作用和内容。

通常，一套完整的设计规范会包含以下两个部分。

- 设计原则。

- 设计说明。

下面就分别对它们进行讲解。

设计原则

专业的团队或设计师在设计产品前都会进行足够的思考，比如，如何才能展现产品的特点？如何才能满足用户的喜好？如何才能传达品牌的概念？等等。

设计原则是后续设计的出发点，可以通过文字记录。当团队扩大规模时，新手也能很好地了解这套设计的出发点，更轻松地融入团队设计流程。例如，Firefox 的 Photon 设计规范原则。

设计原则是多种多样的，优秀的设计原则体现了设计师对产品成熟的思考，而对于新手而言，并不需要过分地苛求自己在设计原则中能有优异的产出，因为这需要大量专业知识和经验的积累。

在设计初期，我们只需要想明白产品面向的用户是谁，适合何种设计风格，就可以构建基本的设计原则。

设计说明

设计原则指明了我们设计的方向，但是，真正在重复运用的部分是设计说明，占据了设计规范的绝大部分篇幅，它是对设计要素的详细解释或使用限制的说明。

例如，一套常规的 App 设计规范，设计说明主要包含以下几种类型。

字体：应用中使用的字体类型，以及它们所使用的字号和相关的参数。

色彩：应用中使用的颜色，并罗列它们的色号。

图标：应用中使用的图标，以及它们所使用的尺寸。

组件、控件：应用中出现的组件、控件样式。

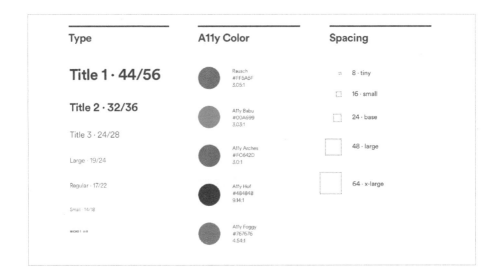

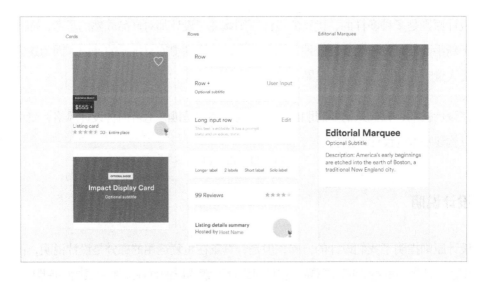

在理论上，任何设计方法、参数都可以被做成说明，只要这部分说明足够详细，那么即使是新手也可以设计出完美兼容该项目现有设计的页面。

这就是设计说明的重要作用，通过事先定义好标准的设计样式，并在设计不同的页面时对它们进行重复使用，然后严格执行这种重复，可以让应用看起来具有更强的专业性和整体性。

重复方式

虽然设计规范是项目中指导我们进行设计的关键因素，但是，在开始设计一个全新的项目时，我们应该如何创建设计规范呢？答案就在应用重复理论的实践中。

在我们设计第一个界面的过程中，就可能会出现组件或控件被重复使用的情况。以苹果音乐应用为例，首先设计了搜索页面，在最近搜索列表和热门搜索列表中重复使用了相同的样式。

这样的重复很容易理解，但是对于一个成熟的设计师而言，还会在这个页面中总结所应用的字体、颜色、组件等。当我们开始进行第二个页面的设计时，就会将在搜索页面中出现的元素尽可能地重复使用，如下图所示的资料库页面。

可以看到，该页面的标题、列表文字、小标题都重复使用了相同的样式，而新增的专辑组件才另外进行了设计。以此类推，在下一个页面中，就可以尽可能地重复使用前两个页面所使用的元素和样式，在设计"为你推荐"页面时，就可以对专辑组件进行重复使用。

当完成了一定数量的界面设计后，就可以更有针对性地开始整理，统计所应用的字体、色彩、图标、控件和组件等样式。然后，需要尽可能地以应用最少的样式为原则进行精简，将多余的样式删除，而剩下的样式，就是设计规范的雏形。后续的设计只需要遵照这些已有的样式进行设计即可。

在 UI 设计中，与对齐、亲密、对比这 3 种要素相比，重复没有任何操作方面的难度，但需要充分意识到它的重要性，并能养成这样的操作习惯。它可以帮助我们在设计大量不同页面时保持风格的一致与和谐。

最后，无论 Sketch 的 Style、Symbol 还是 XD 的 Asset，都是让我们可以快速组织样式和对样式进行重复使用的软件功能，只要熟练掌握这些工具，就可以让我们的设计效率得到提高。

04

UI的文字应用

4.1 文字的基本属性
4.2 官方字体
4.3 字体的设置

4.1　文字的基本属性

在 UI 设计的界面中，文字是传递信息的关键因素，其重要性不言而喻。在整个平面设计的体系中，字体设计也是最复杂的部分。

不同于平面设计的是，在 UI 设计中，字体受到的约束较多，显示器的局限性、系统的原生字体调用、人眼的可见度等，都会成为影响设计图的合理性和可用性的因素。

UI 设计师不需要像平面设计师或字体设计师一样独立创作字体，UI 设计师应该做的是知道如何正确选择和设置字体，这就要从对文字的基本认识开始讲解。

文字的字体

无论是中文还是英文，都有非常多的字体类型，不同的字体可以展示不同的设计风格和用途。

电子设备之所以可以显示出文字的字体，是因为在系统中植入了对应的字体文件。

在每个字体文件中，都以矢量的方式保存了若干的字体图形，当系统需要展示文字的某种字体时，就可以根据编码从指定的字体文件中调用这个图形来展示。

在系统界面中，文字其实就是矢量图形，可以被任意地放大和缩小且不会模糊。同时，只有系统已经安装了对应的字体，才能调用这个字体的文字图形，我们不能强制一个没有安装微软雅黑字体的系统显示微软雅黑字体。

因为这个限制的存在，所以在设计界面时应用的字体应该和目标系统应用的字体相匹配，这样设计稿的预期效果才能和最终的实现效果相符合。

字号和字重

除了字体类型，文字还有两个最基础的属性，就是文字的字号（Font-Size）和字重（Font-Weight），即文字的大小和粗细。

对于没有学过设计的人来说，一般也会对字号感到熟悉，这是因为从小学开始我们就接触了微软的 Office 系列办公软件，在 Word 和 PowerPoint 中，调整文字大小是第一节课就会学习的内容。

而字重，代表文字笔画的粗细，这对于大多数人来说是一个陌生的词汇。对于一些比较主流且应用较为广泛的字体来说，除了默认的字体设计，还会额外提供一些不同粗细的版本，以适应设计的需要。

标题文字可以选用 Bold，正文可以选用 Regular，提示文字可以选用 Light。相对于中文来说，英文所提供的字重更丰富，这是因为英文的笔画少，不仅设计起来相对简单，而且粗细的细微变化也更容易被感知。

需要注意的是，大多数人在软件中对文字进行粗细设置时都会使用"加粗"这个选项，但加粗所更改的并不是字重，而是直接对文字进行描边以让它看起来更粗，这种做法不仅效果较差，而且无法在后续开发中直接还原。

所以，在正式项目中，如果想要展示不同的文字粗细，可以使用调整字重这一选项。

文字的行高

在 Sketch 或 XD 中键入中文，就会发现文字的元素区域是大于文字可视高度的，这就要提及文字的另一个属性——行高（Font-height）。

如果想要了解行高和字号高度的不同，我们需要从英文字母说起。在英文字母中，不仅包含大小写，而且不同字母的重心也不一样，有的偏上，有的偏下，如"P"和"j"。如果将英文字号设置为 12pt，则实际上指的是字母中最高点到最低点的距离，如下图所示。

而中文字体就比较简单了，每个字符都占据了一个相等的方形区域，如果我们将中文字号设置为 12pt，则这个方形区域的长度和宽度就都是 12pt。

当中英文共同排列时，如果中文的田字格和英文的高度区域对齐，就会导致重心倾斜，如下图左侧所示。所以，在常规的文字排列中，英文区域会下沉以适配混排的需求，如下图右侧所示。

新的Project　　　新的Project

中英文对齐　　　　　　　　正常排列

如果将英文文字的行高设置为与中文一致，就会出现英文溢出文字选框的情况，如下图左侧所示。虽然溢出部分在 Sketch 和 XD 中可见，但在实际的显示中，它们就会被截断，如下图右侧所示。

新的Project　　　新的Project

设计效果　　　　　　　　　开发效果

在 Sketch 和 XD 中输入字体所提供的默认行高，该行高就是该字体最小的安全数值，可以完整显示这个字体文件内的所有字符，所以不要纠结于文字区域是否和中文大小持平。注意行高只能增加，不能缩减。

行高除了可以为字符提供显示区域，还是排版的重要属性之一。如果需要在应用中展示大段的文本，涉及换行，默认的行高就有点"捉襟见肘"了，需要我们手动增加行高到一个合适的尺寸，如下图所示。

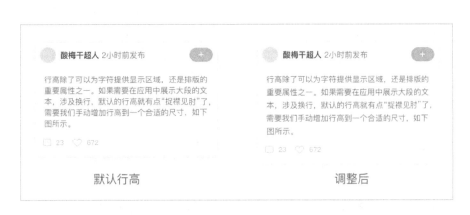

默认行高　　　　　　　　　　　　调整后

需要注意的是，行高与字号没有固定的比例关系，读者需要根据当前的设计风格自行判断和调整。

字间距和段间距

在文字排版中，还涉及字与字、段与段之间的距离，即字间距和段间距。

字间距相对于段间距而言修改得较少，在正常情况下，只需要使用默认的字间距即可。例如，苹果的 SF Pro 系列字体在软件中会根据字号自动设置字间距，无须我们进行手动调整。

段间距，控制的是段落间的距离，默认数值通常为 0，但当出现多段文本时，我们就会增加段落间的距离，使阅读有适当的停顿，使排版更有层次。

在日常写作中，大多数人会通过回车换行来设置段间距，但这种做法过于"粗暴"。

因为段落间的距离大于或等于一个行高，段落之间的关联性就会降低，从而对阅读体验造成影响，所以可读性高的排版方式应该将段落间的距离控制在一个行高以内。

文本区域

Sketch 和 XD 中对文本区域都有两种定义方式：一种是横向排列，另一种是固定宽度。横向排列即文字会无限向右延伸，而固定宽度则在文字超出宽度范围时会自动换行，我们主要应用固定宽度的方式来定义文本区域。

横向排列	这是一段横向排列的文本，文字可以无限向右延伸
固定宽度	这是一段固定宽度的文本，文字会在 超出宽度范围时自动换行

很多新手会犯的一个错误，就是在添加大段文字内容时使用自动排列的方法，并根据目测手动对文字进行换行。这会导致错误的换行样式，以及每行实际上都是一个段落，只能定义行高而无法使用段间距。另外，这种方法效率低下，如果需要对文字内容做出增减，就要重新手动调整。

只有正确定义文本区域，才可以更高效地完成界面元素的布局。

4.2　官方字体

iOS 字体

在 iOS 中，中文系统使用的是苹果自己定制的字体——苹方，它提供了 6 种字重。

其中，在苹方的中文字库中，是包含相应的英文字体（用来做混排）的。所以当我们使用苹方的同时输入英文字母也是可以正常显示的，无须再单独对每个出现的英文字母进行字体设置。

而 iOS 英文系统对字体的应用，就比较复杂了。苹果使用了两种字体，即 SF Pro Text 和 SF Pro Display，它们都是 San Francisco 字体的成员，共包含 18 种字重。

SF Pro Text 提供的字重如下图所示。

SF Pro Display 提供的字重如下图所示。

当系统使用的字体的字号小于 20pt 时，iOS 默认使用 SF Pro Text，当字体的字号不小于 20pt 时，则使用 SF Pro Display。

之所以会产生这样的区别，是因为 20pt 是字号的一个"分水岭"，当字号大于或等于 20pt 时，相应文字会作为标题或需要重点强调的内容；当字号小于 20pt 时，则相应文字会作为一般的阅读文字。

因为功能定位的不同，所以字母的样式会有所区分。SF Pro Display 的笔画较粗，字间距较小，容易吸引视线。而 SF Pro Text 的笔画较细，字间距较大，更适合对大段文字的阅读和理解。

在下图中，标题的字号都大于 20pt 且其他设置相同，只是更换了字体，左侧是 SF Pro Display，右侧是 SF Pro Text，此时可以发现左侧的标题阅读起来更舒适。

Whatever happened to the simple, silent rake?

Did you see that online footage of the Glasgow workman mulishly using his leaf-blower in 70mph winds? People were aghast that the man, holding on to his hat with one hand while flailing his blower about with the other, seemed blind to the absurdity of his mission. But I wasn't.

Whatever happened to the simple, silent rake?

Did you see that online footage of the Glasgow workman mulishly using his leaf-blower in 70mph winds? People were aghast that the man, holding on to his hat with one hand while flailing his blower about with the other, seemed blind to the absurdity of his mission. But I wasn't.

对于 iOS 程序开发来说，如果程序员指定了字号，那么字体会自动进行切换，但在我们的设计过程中并没有这种功能。所以我们要牢记这个规则：在设计英文界面时，需要根据字号手动切换字体类型。

除了标准的字体，iOS 中还内置了一些其他英文字体供我们使用。不过新手的首要目标应该是熟练掌握 SF Pro 系列字体，只需在一些重要数字的使用场景中更换其他字体即可。

比较常用的数字字体包括：Futura、Helvetica Neue、DIN Condensed。

3.14
Futura Bold

3.14
Helvetica Neue Bold

3.14
DIN Condensed Bold

Android 字体

在 Android 中，官方规范应用的英文字体是 Roboto，而应用的中文字体是一套免费字体——思源黑体。

Roboto 有 8 种字重，没有 iOS 所应用的英文字体那么复杂，其字号无论是增大还是缩小都不会切换字体类型，所以只需要直接调整它的属性设置即可。

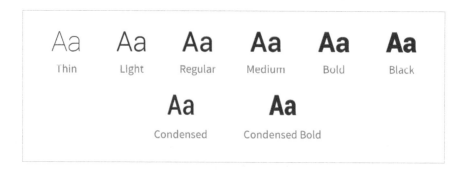

思源黑体有 7 种字重，因为该字体是可以免费使用的（苹方被禁止商业使用到 iOS 系统以外的地方），所以目前广泛应用于广告领域，又因为它提供了 Heavy 字重，所以在大标题的使用上会更有优势。需要注意的是，很多新手在安装了思源黑体以后却在选择列表中找不到它，这是因为它默认显示的是英文名——Source Han Sans。

虽然官方的字体应用比较简单，但是矛盾的地方在于，很多的 Android 手机厂商会在各自的定制系统中使用其他字体作为系统字体，没有统一标准。

和网页的设计一样，我们无法指定某种字体在所有客户端中都被应用，所以，我们只需要应用一种主流的黑体（思源黑体）进行设计即可。

4.3 字体的设置

通过前文介绍，我们知道了设计中文字所具有的属性，不同系统所使用的字体。本节所要介绍的，就是在设计 App 的过程中，字体应当如何设置。

文字的角色

在 UI 设计的界面中，我们对文字的设置并不是只从美观层面考虑的。当我们将文字置入界面中时，就应该考虑它的具体作用和含义，在此统称为文字的角色。例如，下图为某公众号的文章页面。

该页面包含了 5 种文字的角色，即大标题、注释、账户名、小标题、正文，我相信大家一定都可以很轻易地分辨出来。为什么这么容易呢？这是因为它们应用了不同的样式，如果将这种不同消除，那么还能轻易地分辨出其中的角色吗？

文字的属性设置需要满足我们在前面所说的平面设计四要素中的对比，因为对于不同的角色来说，它们其实包含了不同的权重，所以样式自然会不同。

前面的案例比较简单，再来看下面的商品详情页面包含了哪些文字的角色。

该页面包含了多种文字的角色，如栏目名、价格、商品名、注释文字、优惠提示、属性名、属性说明等。这些都是很具体的对文字角色的说明，但是，在每个应用中都会有数不清的文字角色，对每个文字角色都定义不同的样式，这显然是不可能的。

所以，这时我们就要将作用、权重和功能类似的文字角色合并，让它们使用相同的样式。

经验丰富的设计师在设计应用时，会建立一套基础的文字角色分类，然后将相关的字体进行"对号入座"。例如，我们可以采用下面的对应方式。

- 大标题：文章一级标题、商品名、模块名。

- 小标题：文章二级标题、商品别名、设置列表名。

- 正文：详情介绍文字、文章正文、商品属性。

- 账户名：用户名、店铺名。

- 注释：时间信息、运费信息、保证信息。

- 金额：商品价格、账户余额。

角色的划分，是我们制定设计规范时的文字类型的基础，也是满足平面设计四要素中的重复的做法。例如，iOS 设计规范中提供的就是文字角色分类的参数。

Style	Weight	Size (Points)	Leading (Points)	Tracking (1/1000em)
Large Title	Regular	34	41	+11
Title 1	Regular	28	34	+13
Title 2	Regular	22	28	+16
Title 3	Regular	20	25	+19
Headline	Semi-Bold	17	22	-24
Body	Regular	17	22	-24
Callout	Regular	16	21	-20
Subhead	Regular	15	20	-16
Footnote	Regular	13	18	-6
Caption 1	Regular	12	16	0
Caption 2	Regular	11	13	+6

当然，我们没有必要完全按照官方的数值进行设计，只需要根据实际情况来定义文字角色的基础分类，再制定合理的参数即可。下面就来介绍我们应该如何设置文字角色分类的参数。

文字的字号

文字的字号设置，在 UI 设计中是有明确范围的。

对于最小的字号来说，需要符合人眼可以识别的特征，所以中文的最小字号应该是 11pt，英文数字的最小字号是 9pt。而最大的字号一般以 iOS 11 的标题字号(34pt)为依据。当然，类似于闹钟或者统计类应用中的一些特大号文字的特例，不在我们的讨论范围内。

中文 App 的常用字号范围，可以设置为 11 ～ 34pt。而在这个范围内，为了便于记忆和使用，主要取偶数。而无论什么文字的角色，大致都可以分为标题、正文、注释 3 类，它们可以分别对应下列字号。

- 标题：34pt、28pt、24pt、20pt、18pt。

- 正文：18pt、16pt、14pt。

- 注释：12pt、11pt。

在可选的范围缩小后，当我们在确定字号时，就可以快速测试出其中最优的方案。例如设计一个动态卡片，该动态卡片包含发布者昵称、发布时间、动态文字 3 种文字角色。其中，动态文字是最重要的文本，应当作为正文的类型，而发布者昵称和发布时间是次要文本，应当归入注释类的文字，并且可以使用相同的字号，那么接下来需要做的就是使用排查的形式找出令我们满意的方案。

这是一个动态文字的字号为18pt，发布者昵称和发布时间的字号为12pt的动态卡片的设计演示效果 酸梅干超人　　　2天前	这是一个动态文字的字号为14pt，发布者昵称和发布时间的字号为11pt的动态卡片的设计演示效果 酸梅干超人　　　2天前
这是一个动态文字的字号为16pt，发布者昵称和发布时间的字号为12pt的动态卡片的设计演示效果 酸梅干超人　　　2天前	这是一个动态文字的字号为16pt，发布者昵称和发布时间的字号为11pt的动态卡片的设计演示效果 酸梅干超人　　　2天前

文字的字重

在学会如何应用字号后，就需要学习如何定义它们的字重。在平面排版或英文 App 的设计中，字重一般会作为平衡视觉重心的方法，但在中文 App 的设计中，我们只需要将字重作为文字权重的定义即可，文字越粗，其意义就越重要。

比如，在前面的案例中，虽然用户名和发布时间的字号相同，但是它们的重要性不一样，我们可以让用户名的字重变重，以彰显其重要性较高。

在文字字号相同的时候，字重
越高的说明它的权重越高，例
如下方用户名使用了粗体

酸梅干超人   2天前

在苹方中，字重的类型并不多。我们常用的字重只有其中的 4 个，包括 Light、Regular、Medium、Semlibold。

Light 字重基本只应用于注释文字，因为其字号小，所以使用较细的笔画更有助于阅读，但切记不要对正文和标题应用 Light 或更小的字重。

Regular 字重的应用最广泛，一般的文本类型，无论用来阅读的文字还是无须特别强调的文字，都可以使用它。

Medium 字重、Semlibold 字重则主要应用于标题或需要强调的文字，当然，大标题基本都会使用 Semlibold 这个字重，其他标题类型则会根据具体情况来选择合适的字重。

文字的色彩

通常在一个 UI 系统中，会包含文字的中性色阶梯，对应不同权重的文字分类。例如下面的案例。

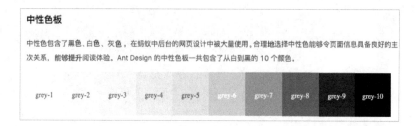

中性色板

中性色包含了黑色、白色、灰色，在蚂蚁中后台的网页设计中被大量使用，合理地选择中性色能够令页面信息具备良好的主次关系，能够提升阅读体验。Ant Design 的中性色板一共包含了从白到黑的 10 个颜色。

grey-1　grey-2　grey-3　grey-4　grey-5　grey-6　grey-7　grey-8　grey-9　grey-10

当然，在一款 App 中，我们不会只应用中性色的文字，还会应用彩色的文字，所以我们需要在设计初期明确在什么情况下应用中性色，在什么情况下应用彩色。

中性色文字，通常应用于不可点击、用来阅读和理解的文本，如文章标题、详情、说明文字等。

彩色文字，除了字面意思，一般还会具有其他更重要的含义，如可以点击的链接、选中的状态、数字价格、时间、用户名等。

例如，下图为大众点评 App 的团购界面，橙色应用在了选中的文字、价格信息和标签文本上，同时在菜单列表中，可以点击的链接文字使用了深蓝色。

此外，如何设置中性色和彩色的色值，会在色彩的相关章节中具体解释。

05

UI的控件设计

5.1 控件是什么

5.2 控件的设计原则

5.3 控件的尺寸

5.1 控件是什么

在前文中曾介绍过，控件是界面的基础组成要素之一。同时，它也是 UI 设计和平面设计的"分水岭"。

不同于平面设计中完全"静止"的图形，UI 设计中的控件大多具备"交互性"，即用户可以与这些控件进行互动。用户可以通过交互的手势来触发这些控件被指定的功能与事件。

例如，点击按钮登录账号，拖动图标修改其排序，向左滑动列表展开删除按钮，长按等待弹出更多操作内容等。

控件，才是我们真正进行 UI 设计的起点。

控件的类型

在学习控件时，我们无须过于关注市面上五花八门的组合和种类，首先需要做的是知道控件有哪些基础类型。下面会分别对它们进行简单介绍。

按钮

按钮是大家最熟悉的 UI 控件，从我们接触计算机的第一天开始，到现在已经和

无数的按钮打过"交道"了。

虽然页面中的其他图形，如图标、图片、文字等也可以执行相同的按钮效果，但本章主要讨论的按钮为常规的几何形体按钮。

开关

开关通常出现在设置页面中，就和家中常见的开关一样，它主要的作用为控制某个功能的启动和关闭。

很多新手在设计的过程中会将只有开启和关闭的选项做进弹窗里，这是因为新手对开关控件不熟悉，增加了操作的成本。

滑块

类似于音乐、视频、书籍的进度条，我们都可以应用滑块进行快速跳转操作。另外，滑块还能控制可以量化的属性类型，如音量、亮度、时长等。

输入框

输入框是我们向系统中输入文字的窗口，无论输入的文字是单行的还是多行的，输入的内容是账号、密码还是工作报告，输入框的应用场景和设计方式都非常的丰富。

步进器

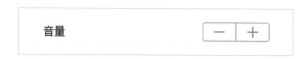

步进器实际上就是输入框的一个细分样式，它在大体上与输入框的主体外形接近，但是增加了增减数值的按钮。

工具栏

工具栏是苹果官方提供的控件之一，在 iOS 中，它通常出现在页面的头部区域，它的主要作用是根据选项的内容切换下方页面。

它和分页控件有类似的功能和外观，在很多情况下可以使用任意一个。但工具栏更适用于具有一定的排斥性或唯一性的选项，如已接来电和未接来电，普通短信和垃圾短信等。

分页控件

分页控件最早是由 Android 2.0 系统提出的，目前已被广泛应用。之前它的使用场

景被定义为类似于 iOS 底部导航栏的导航工具，但在目前我们主要用它来控制不同类型内容的切换，如新闻的分类、视频的分类、商家的分类等。

前文说过，工具栏与分页控件非常相似，一般情况下选用哪个都可以，但分页控件的最大特点，就是可以填充数量较多的选项，超出的部分可以通过左右滑动来查看，而工具栏选项通常在 3 个以内。

列表控件

在 UI 中的列表控件，通常是允许用户操作的，如微信好友的列表、设置列表、任务列表。有的列表控件可以通过点击跳转到其他页面，有的列表控件可以通过左右滑动进行删除操作。

页面指示器

这个控件常用于广告幻灯片，或者一些可以进行左右滚动的模块，用来提示当前所处位置的排序。

提示框

这个控件也叫吐司提示，当应用出现一些不能影响用户当前操作的通知时，就可以将提示内容放进这个控件中，并先从页面边缘弹出，再自动隐藏。通常我们也将这类提示称为弱提示。

提示浮标

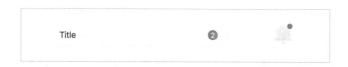

这是一个用来提示未读和未处理信息的控件，也是一个让用户"又爱又恨"的设计元素。无论是在系统的 App 列表中，还是在应用中的各个角落里，当我们看到提示浮标时可能会有一种想要点击并消除它的冲动。

控件的状态

前文简单地介绍了一些主流的控件类型，但是仅知道它们的作用是不够的。控件不同于平面元素的原因，除了本质上传递信息的方法不一样，还在于控件在视觉上是有变化的。

前文所介绍的任意一种控件，都包含了对应的状态，如程序的逻辑和指示，以及操作的不同阶段。而这些不同的状态，就需要控件通过视觉的变化进行传达。

比如，一个按钮，就可以包含 4 种以上的状态，如默认状态、不可点击、点击效果和成功提示等，可以通过类似于下图的视觉差异表现出来。

再如，一个滑块控件，如果它是影片的进度条，那么它就有默认状态、播放中、播放完成和拖动效果等状态，视觉上的变化如下图所示。

对于新手而言，在开始学习设计控件前，一定要对控件所包含的状态和对应的变化有足够多的关注和了解，才能以此建立起基本的关于 UI 设计而非平面设计的思想基础。

但在本书中，我不可能像字典一样把所有控件会包含的变化和状态一一罗列出来，就像前文关于基础控件的介绍，相信很多人已经觉得枯燥乏味。况且这些细节无论怎样努力收集，也总会有所遗漏。

所以，想要了解控件会包含哪些状态，会呈现出什么样的视觉特征，以及这中间会存在哪些基本而又有趣的联系，是需要读者自己在真实的案例中进行体验和分析的。

我的建议是根据前文提供的基础控件类型，记录每一种控件在 5 个不同的应用案例中的状态和对应的设计样式，然后再对比它们的优缺点。

官方控件

在学习控件的过程中，同样不可或缺的，就是了解系统官方为我们提供的控件库。

例如，针对 iOS 和 Android 系统官方所提供的控件库，我们就可以通过其官方网站下载相关的参考文件。

在这些文件中，我们不仅可以知道系统提供了哪些可以直接应用的控件及它们的属性，还可以通过图层的命名了解它们的专业名称（英文的）。

另外，如果想要熟悉官方控件库，那么除了在源文件中查看，还需要大家思考每个控件在应用中的使用案例，加深对它们的使用场景的认识。

5.2　控件的设计原则

具有一定平面设计基础的读者，应该了解 UI 的扁平化控件，这些控件在单独设计时都没有难度，因为它们大多是由几个纯色的几何元素和文字组合而成的。

但如果需要设计整个界面，并且组合了非常多的控件，那么问题就出现了，新手很可能会设计出"鼻子不是鼻子，眼睛不是眼睛"的界面，如下图所示。

控件设计比较简单，但这不能成为新手轻视控件的理由，每一个控件都应该包含清晰的设计逻辑，本节就来讨论控件设计所需要掌握的思路。

参数的倍率

在控件设计中最重要的，既不是色彩，也不是样式，而是尺寸。

首先，前文所说的屏幕分辨率使得安全的尺寸参数必须是偶数整数（偶数整数才能实现完美居中且满足倍率缩放的需要）。其次，如果尺寸参数缺少某种数学上的联系，那么数量众多的元素就难以呈现给用户整体性的视觉感受。

Android 和 iOS 的官方都推荐过，在设计时可以使用 8pt 的倍数来设计界面元素，所以有很多人遵照这种形式在 8pt×8pt 的网格系统中创作。

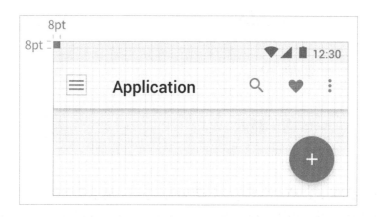

虽然在设计一些相对简单的应用时使用 8pt 的倍数可以游刃有余，但是在国内的设计环境中，往往无法兼顾真实的复杂需求。所以，我建议大家在设计时使用 4pt 的倍数来设计界面元素。

参数的增减

如何合理使用 4pt 的倍数呢？那就是使 4pt 成为我们在确定元素尺寸的过程中递增和递减的基本单位。

例如，要使用 4pt 的倍数来设计一个按钮，我们会提前在脑海里确定出具体的参数，如高度为 20pt，宽度为 40pt，然后开始动手设计。

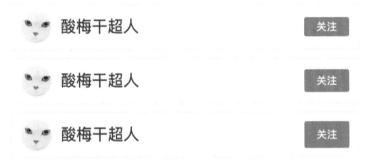

酸梅干超人 关注

但是，我们不能保证一开始给出的尺寸数值就是合理的，所以我们要对它们进行调整，而这种调整就是使用 4pt 为基本单位进行递增和递减。例如，我们需要将上图中的按钮的高度增高，这时我们就可以尝试 24pt、28pt、32pt、36pt 等高度，并在其中选出最合适的一个。

基于以往的经验，这种方法还有一个巨大的好处——缩小我们选择的范围。如果没有使用这种方法，那么在每次确定宽度和高度时就会非常烦琐，因为在大多数情况下增减一两个像素是无足轻重的，但我们会忍不住反复调节它们，这就会极大地影响设计的效率和积极性。

操作的方法

在 Photoshop 中，我们设计海报、插画、活动页面时，调整元素尺寸的术语叫作"缩放"，即通过调整宽度和高度的比例的形式对元素进行放大和缩小，常见的调整方式就是使用鼠标拖动下图案例中的边缘手柄。

这种操作在控件设计里是不可行的，鼠标拖动的方式难以快速地获得指定数值，正确的方法是直接在属性面板的 Width、Height 输入框中输入。

这也是 UI 设计软件（Sketch、XD）和 Photoshop 在操作逻辑上的区别，因为平面设计关注更多的是比例，以及比较主观的感受，而 UI 设计则在制作过程中强调精确的数值和计算逻辑。

如果想要设计出优秀的界面，就要从适应这种设置方法开始。

5.3　控件的尺寸

前文已经介绍过，UI 设计中对于元素尺寸的定义和平面设计中是不一样的。

因为 UI 设计中特有的限制，我们能使用的参数也拥有具体的范围和数量，所以大多数控件可以设计出的结果是有限的，而不像平面设计一样可以拥有无穷无尽的可能。

也因为结果的有限性，常用的尺寸也非常固定，所以在设计控件前，要牢记常见的控件参数，这是因为它们都经过了充分的验证，具有广泛的适用性，能帮助我们更快地设计出均衡、美观的界面。

按钮的尺寸

我们知道，按钮主要由一个横向的长方矩形和文字组成，而在定义这个控件时，需要重点关注的就是它的高度。

很多人都知道在系统设计规范中，建议可点击的区域不小于 44pt×44pt，但这指的是元素的不可见的热点区域，而不是元素的图形尺寸。例如，高度为 44pt 的按钮对于很多场景来说会有空间压力，会造成视觉上的破坏，不能强行使用。

比如，下图左侧案例为原图，右侧案例为将"关注"按钮的高度修改为 44pt 后的效果。

但是，44pt 构成了我们在设计按钮时的尺寸锚点。权重较高的按钮在高度上大于或等于 44pt，如下图所示的登录页中的登录按钮；权重较低的按钮则在高度上小于 44pt，如上图左侧案例所示。

根据长期实践的经验，20pt 是按钮可以使用的最小高度。原因不仅在于视觉上的大小，还在于我们的操作上。例如，标签就是一个既可以做成按钮也可以单纯作为符号标识的元素，当它的高度大于 20pt 时，我们会认为它是可以被点击的，当它的高度小于 20pt 时则反之。

在下图的淘宝某模块的页面中，上面和下面出现了两种标签的类型：下面的标签高度大于 20pt，是可以通过点击进入标签页面的；上面的标签高度小于 20pt，是无法被点击的。

而按钮的宽度有两种定义方式，即根据环境定义和根据内容定义。

根据环境定义的按钮，通常是权重较高的，需要与上下内容进行对齐或均分的按钮，例如，在登录页中的"登录"按钮，或者在商品详情页中的"购买""加入购物车"按钮。

根据内容定义的按钮，则一般会根据按钮中的文字为左右添加适当的留白，如4pt、8pt、12pt 等。例如，在动态卡片上的"关注他"按钮，或者可以被点击的标签按钮。无论按钮的文字内容有多少，其最后的宽度都需要添加左右间距后再计算。

比如，购物评价的页面会放很多关键字标签，这些标签的文字内容长短不一，在真实的设计过程中，会使用间距的方式来定义每一个标签的宽度，而不会使用固定的宽度来设计这些标签。

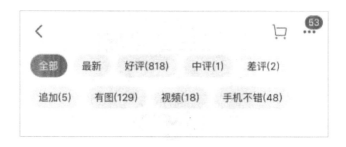

以上就是按钮的尺寸定义方式，对于一个简单的按钮控件来说，之所以要介绍这么多，是因为它包含了控件设计中最多的要素，它对数值的引用、权重的表现、内容的适应等，是学习设计其他控件的开端。

因为严谨地定义按钮尺寸的逻辑，可以帮助我们在设计其他控件时即使不套用相同的参数，也能知道应当如何定义尺寸的合适数值。

单行输入框

单行输入框的设计，在高度上和按钮很类似，都可以使用 44pt 作为标准。但不同于按钮的是，一个应用所包含的输入框类型通常只有两种。所以我们只需要将一种输入框的高度设置为大于或等于某个高度，而将另一种输入框的高度设置为小于这个高度即可。

而宽度通常会根据实际排版的需要来设置，没有具体的限制。

步进器

步进器有两种形式：一种步进器带有输入框功能，可以输入数值；另一种步进器只能增减数量。

第一种步进器的设计可以等同于输入框，其左侧和右侧的按钮的宽度与高度一致，做成正方形即可。

第二种步进器的设计可以等同于在左侧和右侧分别制作一个按钮，并在中间显示数值。既然是按钮，那么无论是正方形的边长还是圆形的直径，都可以使用按钮的最小高度，即 20pt 。

开关

开关由一个背景框和上方的按钮组成，在设计时应重点关注的就是背景的尺寸，其最小高度应不小于 20pt。但需要注意的是，在按钮的前期设计中非常容易出现的错误，就是宽度太大或太小，这都会影响操作的流畅性。

按钮宽度是根据高度来按比例设定的，建议的宽度范围为高度的 1.5 ～ 2 倍，宽度不在这个范围内就会对效果产生负面影响。

滑块

滑块由背后纤细的进度条和一个圆形组成。通常进度条的高度可以设置为 1 ～ 4pt，宽度由排版样式决定。而圆形的直径则有比较大的落差，可以设置为 4 ～ 24pt，和按钮类似，权重越高的则圆形的直径越大。

一个比较常见的案例就是 iOS 锁屏中的播放器卡片，有进度和音量两个滑块，显然，苹果的设计师认为，在这个场景下音量是比播放进度更重要的操作元素。

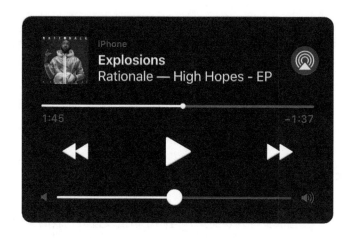

工具栏

工具栏可以理解为将一个按钮拆分成好几份。所以我们可以默认它的高度和按钮是一致的，而在根据排版样式确定了宽度以后，可以根据选项的数量进行等分。例如，一个宽度为 300pt 的工具栏包含了 3 个选项，则每个选项的宽度为 100pt。

我们可以使用透明矩形画出这个选项区域，然后再将文字置入，并使其和区域垂直、水平居中。

分页控件

通常分页控件的高度会根据权重来设置，取值范围为 20 ～ 44pt。而且其中每个选项的背景和高度都与整体一致，宽度则会根据包含的选项数量来确定，如果所有选项都能在屏幕的范围内显示，则使用等分的屏幕宽度，如果有选项在显示时超出了屏幕的范围，则使用固定的宽度。

列表控件

在一款 App 中，会有很多种列表类型，但此处单指设置页列表的类型，它由一行一行的列表横栏组成。

通常，每一行的列表高度也可以使用 44pt 作为标准，除非有非常明确的理由，否则不能使用高度小于这个数值的列表，因为这不仅会使列表在页面中的显示非常紧凑，而且不利于用户的操作。

新手需要注意的是，这种列表的每一行都需要绘制一个透明的矩形作为背景，并将文字基于这个矩形居中对齐，而不是只使用两条横线作为列表高度的示意，这样才有利于后续的排版和调整。

页面指示器

最常见的页面指示器由圆形组成。这个圆形的直径，通常只有 6pt、8pt、10pt 三个选项。页面指示器是整个页面中最小的图形元素，不应该存在比它更小的图形元素了。另外，还有比较常见的提示小红点，在一款 App 中应该与页面指示器使用相同的尺寸。

提示框

提示框和按钮的高度的取值范围是一致的，尤其是在宽度上，都遵循根据内容文字灵活调整的特性。

提示浮标

提示浮标和提示小红点的不同在于，提示浮标会在图形内包含具体的未读消息数量。这个图形适合使用直径为 24 ～ 32pt 的圆形。

但是，当提示的数量很多时会出现两位数、三位数，那么这个圆形就要变为圆角矩形以容纳更多的数字。所以当出现了更多数字以后，我们就需要画一个圆角的矩形，并且用原来圆形的宽度（也就是直径）加上新增数字的字宽，形成一个合理的徽标圆角矩形。

即默认圆形的宽度是 28pt，单个数字 9 的宽度是 9pt，而三位数 999 的宽度就增加了 18pt，所以这个圆角矩形的宽度就是 28+18=46（pt）。

总结

定义尺寸是控件的第一目标，只有合理地应用尺寸，控件在屏幕中才会有合理的占比空间和可操作性。

细心的读者可能已经发现了，在前文的介绍中，有很多控件可以使用相同的尺寸参数，如按钮、输入框、步进器都可以使用 44pt 的高度，参数的重复使用就是平面设计四要素中的重复，是 App 视觉设计保持整体性的关键。

当然，对控件的设计还包含色彩的应用，以及在形式上的创意。在后面的章节中我们会讲解色彩的应用，而在形式上的创意，则需要我们自己进行尝试和积累。

对同一种控件类型的样式进行截图、整理和临摹，就是学习和提升控件设计能力最好的方式。

06

UI的组件设计

6.1　组件是什么

6.2　组件的尺寸

6.3　组件的进阶

6.1　组件是什么

控件是交互界面中的基础单元之一，而本章的主角——组件，则是由基础单元组成的更复杂的合集，是通过图片、文字、控件组合而成的，具备更复杂的功能、产品逻辑的模块。

组件从功能、交互到设计，都比控件复杂得多。理论上组件是没有固定种类的，但目前"通用"的组件，是随着移动互联网的快速发展，被无数产品试错和验证后沉淀下来的。不同的应用类型，都有相应的"通用"组件。

所以，我们需要从了解一些常见的组件开始，学习如何设计组件。

常见的组件类型

轮播图

轮播图是绝大多数网站、手机App都会应用的组件，用来展示想被用户关注的信息、广告。

轮播图可以使用"图片 + 页面指示器"的方式展示图片，还可以展示标题、标签等更丰富的信息。

快速入口

当一款 App 所提供的功能或服务较多时，我们就需要为部分内容提供"快速通道"，这就是快速入口的作用。快速入口一般是图标和文字的组合排列，可以展示多行，每行排列 3 ～ 5 个。

瓷片区

瓷片区和快速入口的作用很相似，都是为了快速跳转到更深的页面，但它更像商场的商品陈列橱窗，通过错落有致的排版和内容图片的展示，引起用户的查看兴趣。

这个模块常见于电商类应用，因为它不像快速入口一样具有比较固定的操作路径，瓷片区的展示方式使得它更适合体现促销信息，并且可以频繁更换内容。

动态卡片

在前面的章节中，我们多次提到动态卡片，在微信朋友圈、微博和 QQ 空间中，它都是我们使用手机 App 时非常常见的组件类型。它的作用是展示用户发布的信息，并提供对应的操作选项。

动态卡片主要分为 3 个部分，即发布用户、动态内容、动态操作，如下图所示。

资讯列表

资讯列表是一个和动态卡片相似度极高的组件，都需要展示图片、标题、简介和信息来源。

但不同于动态卡片的是，资讯列表具有更正式的官方推送性质，没有强烈的社交属性，所以它更像是一个复杂的按钮，可以通过简单的图文信息促使用户点击并进入相关页面去查看完整的资讯内容。

横向滚动列表

在界面布局过程中，页面的内容往往会超出屏幕容量，所以常见的解决方法是将更多的模块和信息向下排列。用户可以通过垂直滚动的方式查看被隐藏的部分。

虽然界面在垂直方向上的高度可以无限延伸，但是这并不意味着所有模块都需要占用大量的垂直空间来显示内容，这时设计师就可以引入水平滚动的列表，即横向滚动列表。

用户信息卡片

在需要注册的 App 中，通常在设置页面或个人主页中会有一个模块用来展示用户的信息和身份，那就是用户信息卡片。

当然，不同的用户信息卡片在展示时会有很大差异，可以分为简单和复杂两种类型。简单类型的用户信息卡片只展示基本的用户名或账户 ID，而复杂类型的用户信息卡片则会展示相关的等级、关注数量、勋章等。

提示弹窗

提示框主要作为弱提示出现，而提示弹窗则作为强提示出现，通常包含图片、标题、文字信息和按钮。

强提示和弱提示的差别就是它会覆盖到页面的顶层，强制用户关注，并需要用户进行一定操作来关闭这个提示。

虽然前文简单地介绍了一些常见的组件，但这只是进行了一个简单的"扫盲"。还

有非常多的组件不仅没有指定名称，也没有相关介绍的文档，是需要设计师通过长时间的观察进行积累的。

那么，认识更多的组件到底有什么意义呢？

组件的积累

如果留意，大家就会发现，一个界面的作用和功能是由组件决定的，单一的控件、文字、图形等都不具备明确的产品逻辑，只有当它们组合成一个完整的组件时，才能反映出具体的业务需求。

当我们拿到产品需求，要开始设计一款 App 时，那么每一个页面所要解决的问题和展示的信息，都需要我们将其落实到使用哪种组件的思考上。这就需要我们对组件有足够多的积累，才能每次快速地想到有哪些组件可以解决这个产品的问题。

例如，在设计一个电影详情页时，需要有一个模块，展示演员和导演，但是在所有参演人员中，只有排列在前面的几个人才需要必须展示出来，其他人员可以不展示，并且这个模块权重不高。此时，我们就可以通过横向滚动列表的组件形式来表现这个模块。

当然，这只是一个最简单的案例，在真实的项目中会有很多更抽象的产品概念，需要我们通过设计反映出来，这时我们的积累越多，就可以越快地确定设计的框架。

有效地积累对组件的认识，并不仅仅限于持续下载并体验新的 App，还可以对发现的新组件进行截图、裁切并分门别类地放置。例如，使用 Sketch 创建不同的组件画布，并将相同类型的组件裁切后排列到同一个画布上。这样不仅可以比较组件的设计优劣，还可以在今后随时为我们提供灵感和参考。

6.2 组件的尺寸

组件和控件一样，也有自己的设计原则。但和控件不同的是，设计组件的尺寸需要掌握的不是具体的数值，而是如何通过相关元素确定尺寸的方法。

所以，在开始本节的学习前，建议尽量将文字、控件的尺寸定义掌握得更熟练一些。

宽度的定义

在 App 界面中，组件从上到下逐个排列，很少出现两个组件处于同一行的情况，所以我们可以比较容易地确定组件的宽度，然后再考虑它的高度。

定义组件的宽度一般可以使用以下两种方法。

- 撑满屏幕。

- 减去边距。

撑满屏幕的宽度，即将组件置于屏幕中，并且左右是没有留白的；而减去边距的宽度则是根据屏幕目前的宽度，减去左边和右边的内边距得出的组件宽度。

例如，在设计一个顶部轮播图的组件时，使用这两种方法进行设计都可以，如下图所示。左侧案例的组件的宽度和屏幕相同；右侧案例的内边距为 16pt，屏幕宽度为 375pt，最后得到组件的宽度为 $375-16 \times 2 = 343$（pt）。

高度的定义

定义组件的高度可以使用的方法也是两种，如下所述。

- 直接设置。

- 根据内容定义。

直接设置的高度比较容易理解，就是我们直接根据当前页面和场景的需要给出组件高度的数值，例如前面的轮播图案例；根据内容定义的高度则是先确定内部元素的高度，再确定组件的高度。

例如设计一个评论卡片，从上到下包含了 3 个下级模块，即用户信息、内容文本、相关数据。它们的高度分别是 36pt、48pt、36pt，最后这个组件的高度，就是 36+48+36 = 120（pt）。

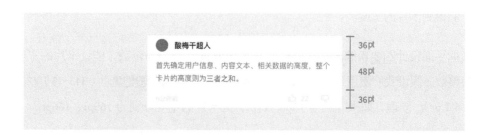

这样处理的原因在于可以确保组件最终的高度是严谨的，不会导致内部留白过多或者元素太紧凑，还有一个原因就是很多组件的高度是具有"动态性"的。

例如，上面的案例中，内容文本这个模块既可以只有一行字，也可以有三行字，所以组件高度也会随之发生变化。

内部排版

除了需要注意组件整体的外部尺寸定义，还需要注意组件内部的模块划分和排版方式。

产品列表演示

例如常见的商品列表组件，一般采用双列卡片式的排版，我们需要在确定内边距和组件的宽度以后再计算卡片的宽度。

在本节的第一个案例中，我们采用减去边距的方法得到组件的宽度为343pt，这时组件的每一行除了两张卡片，还包含了间距的留白，我们要先确认间距的数值，才能得到卡片的宽度。

根据平面设计四要素的定义，间距不能大于16pt且必须为奇数才能让卡片的宽度为整数。假设我们使用15pt的间距，那么最后每张卡片的宽度就为（343-15）/2 = 164（pt）。同理，如果间距为13pt、11pt，则卡片的宽度分别为165pt、166pt。

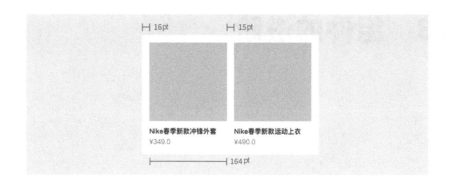

快速入口演示

常见的快速入口组件，是由几个横向排列的快捷入口图标和文字组成的。

正确的设计方法是，如果每行有 5 个快捷入口，就要将组件等分成 5 个宽度相同的模块。例如组件采用的宽度为 375pt，高度为 64pt，那么我们就可以得到 5 个宽度为 75pt，高度为 64pt 的矩形模块。

然后将图标文字分别置入矩形模块后编组，并进行水平、垂直方向居中对齐，得到最后的排版效果。

以上两个简单的案例，是为了使大家了解组件内部的模块划分和排版方式需要运用数字的计算来完成，是通过一定的逻辑推导得出的结果，而不是单凭主观感觉得出的结果。

6.3　组件的进阶

组件比控件复杂得多，除了包含更完整的产品逻辑，还包含设计的形式与样式。

掌握前文所说的尺寸和排版的定义模式，虽然可以帮助大家设计出"安全"的组件，但是想要应对真实世界中复杂的用户需求，往往还需要设计出更具特色的界面。

如何才能设计出风格鲜明、视觉出彩的界面呢？那就要从组件的形式开始说起。

常见的组件形式

很多新手在前期都会遭遇这样的问题，即组件设计整体看起来比较平庸、缺乏特色，这是因为要求新手在初期就对整体风格有控制力是不现实的。

这时就要学会从组件的形式上寻找突破口，通过改造组件的表现形式来增加应用的视觉看点。下面我们通过几个案例演示，帮助大家快速理解组件设计的不同表现形式。

轮播广告

左图使用了撑满屏幕的宽度定义方法，也是最常见的轮播图类型。

中图使用了减去边距的宽度定义方法，并且将广告的标题、文字信息、当前位置排版到图片的外侧，增强了信息的传递效果。

右图在使用了减去边距的宽度定义方法的同时，将顶部栏目的背景色延伸到组件下方，制造了前后关系，从而让广告图更加引人注目。

瓷片区

左图使用了文字、商品图、白色背景的排版方式；中图使用了文字和图片背景的排版方式；右图则使用了混合的排版方式以增加视觉的丰富性。

分类组件

左图的每个分类都采用了一个独立的卡片进行展示，可以通过上下滚动的方式进行查看，并且每个分类的下级分类都被切割成了矩阵列表。

中图的分类虽然也可以通过上下滚动的方式进行查看，但是其左侧增加了一个用于快速切换的控件，并且每个分类的下级分类采用了独立的矩形进行展示。

右图则在中图的基础上给每个下级分类增加了具体的配图，扩大了视觉选择区域。

用户信息卡片

左图在背景中使用了渐变色，并将信息置于背景上方。中图则使用了上下拼接式的设计，并将信息置于下方空白区域。右图则使用了模糊的背景和一张独立的信息卡片。

所以，当我们对设计的界面感到枯燥、乏味的时候，就可以尝试从组件的层面进行修改，调整组件的形式，从而获得完全不同的视觉观感。

常用的技法

组件的形式变化，除了对于排版、交互的更改，在很多情况下还需要使用一定的视觉技法，下面介绍几种常见的类型，以避免在设计的过程中出现低级错误。

组件中的投影

从 Material Design 4.0 设计规范引入 Z 轴之后（即界面的三维高度），组件的投影设计开始越来越常见。对组件投影的设计和刻画可以增强立体空间感，丰富画面层次。

在苹果的官方应用中，就可以经常见到投影的应用案例。

优秀的投影效果，是对真实世界的光影的模拟，而不是只在投影设置上随意添加几个参数。

例如安卓官方的组件投影，是由不少于两层的阴影组成的，具体参考 Material Design 官方设计规范。

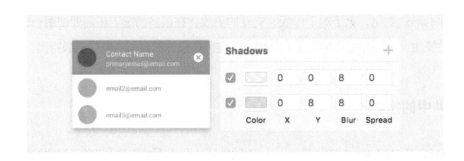

除了这种向下方投射阴影的做法，投影还可以有其他的表现形式，从而营造组件和背景的不同空间关系。

元素的渐变

目前，渐变的使用也越来越广泛，虽然本书在下一章节才会介绍 UI 中配色的方式，但是这并不妨碍我们在这里先理解渐变的使用手法，渐变的使用关键在于色彩和渐变形式。

最常使用的线性渐变，需要注意线的渐变角度，避免使用垂直或水平渐变，因为这会让元素的表面看起来具有弧度（不是平的），正确的做法是使用倾斜渐变，才能使元素具备更平滑的质感，如下图的案例所示。

在很多情况下，一个完整的渐变背景，还会包含多个图层的组合，除了线性渐变层，上方还会覆盖很多其他不同形状的渐变图层。

毛玻璃效果

很多新手都知道 iOS 7 开始流行时的毛玻璃效果，它在背景的设计中会使用将一张图片进行模糊的方法来创建该效果，但大部分结果难以尽如人意。

这是因为毛玻璃效果对模糊的范围是有要求的，首先它需要较大的模糊半径以最大化消除原图的细节信息，如果模糊半径的数值太小，图片就会像因被压缩而失真的效果一样，引起观看者的反感。

并且，毛玻璃效果并不是只能应用在整张图片上的，进阶的处理方法也可以在局部应用，从而提升设计质感。

以上展示的视觉技法，就是在 UI 设计中应用较广泛的 3 种。然而实际应用的方法远不止列举的这 3 种，需要读者自己在设计组件的过程中，结合这 3 种常用的方法，做出更多有趣的探索和尝试。

总结

对于 UI 界面而言，组件设计才是真正的设计开端。对它的掌握程度，决定了最后整套 App 设计方案的美观性。

很多新手在学习界面设计时就是从设计一款 App 开始的，虽然新手在前期可以很容易地掌握规范和平面设计四要素，但很快就会出现瓶颈。那就是新手会发现样式很难有所突破，设计出来的东西很乏味，却不知道该如何改善。

这时新手必须要沉下心来，逐个对涉及的组件进行收集和分析。因为组件的设计形式和设计经验是游离于 App 整体设计框架之外的，是需要经过刻意训练才可以提升的部分。

学习组件设计的方法和学习控件设计一样，没有捷径可走，需要通过收集、分析和临摹来提升。

虽然本书没有重点展开对产品交互的讲解，但是我认为组件同样是认识和学习人机交互中的重要基础。因为每个组件都承载了一个完整的产品逻辑，所以它们具备独立的交互方式，如果没有事先收集和认识交互方式，那么了解再多的理论也是无济于事的。

所以我们不能再犹豫了，赶紧开始进行组件的训练吧！

07

UI的配色方法

7.1　色彩的基础认识

7.2　UI中的配色

7.3　配色演示

7.1 色彩的基础认识

色彩的描述

在自然界中，存在着无穷无尽的色彩，它们不仅可以丰富我们的生活，也可以帮助我们建立对事物的基本认识。

古人创造了红色、绿色、蓝色、紫色等词汇来描述色彩，随着文化的发展，对色彩的形容词汇也越来越多。

中国古代对色彩的命名非常丰富，如黛色、玄色、月白、缥色、秘色、绛色等，有数百种之多，如果大家感兴趣，可以通过 zhongguose.com 这个网址来查看。

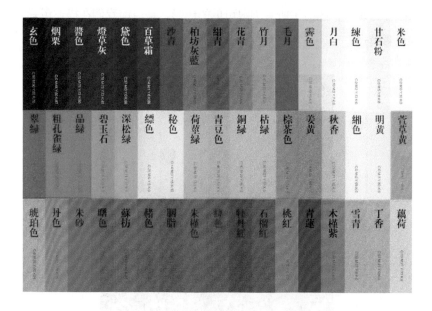

虽然传统文化博大精深，即使对色彩的命名也满怀文人墨客的含蓄与风雅，但是在无穷无尽的色彩面前，人类的想象力和词汇不及它们的万分之一。

所以，科学家们根据不同的理论和应用场景建立了不同的色彩模式，用来准确、客观地描述色彩，以便广泛应用到真实的生产、实践中。

如常见的 3 种色彩模式，即 HSB、CMYK、RGB，它们分别用来描述自然、印刷和显示器的色彩。

了解 CMYK 和 RGB 的区别，并且学会使用 HSB 的色彩选取方案，就是学习配色的第一步。

色彩模式简介

HSB

HSB 由色相 H（Hues）、饱和度 S（Saturation）、明度 B（Brightness）3 个维度构成，它以人眼作为媒介，涵盖了所有肉眼可见的色彩，是目前我们在描述色彩时普遍使用的色彩模式。

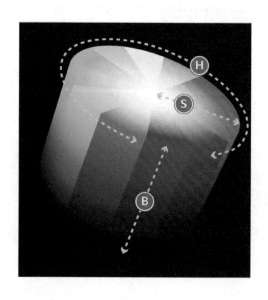

色相表示色彩的类型，如红、绿、黄、蓝等。饱和度表示色彩的鲜艳程度，如西瓜在生长过程中会从淡绿色变成深绿色。明度则表示色彩的明暗程度，如鲜血是大红色的，而在接触空气以后经过氧化会变成暗红色。

HSB 提供了一个基础的色彩描述逻辑，它更像是一个桥梁，可以帮助我们更轻易地找出合适的 RGB 色彩、CMYK 色彩，这在后面的内容中会提及。

CMYK

CMYK 是利用三原色混色原理，加上黑色共计 4 种色彩进行混合、叠加的色彩模式。4 种色彩分别是青色 C（Cyan）、品红色 M（Magenta）、黄色 Y（Yellow）、黑色 K（Black），主要应用于印刷领域。

我们称青色、品红色、黄色为三原色。在理论上，使用三原色可以混合出黑色，但是在印刷的需求中对于黑色的使用极其频繁，如果使用这种混合的方式会非常浪费颜料，所以单独提供了黑色颜料。这也是在彩色喷墨打印机中会保留黑色墨盒而不只使用彩色墨盒的原因。

这 4 种色彩相互叠加可以创造出不同的色彩，本书所包含的色彩就是通过它们进行不同比例的混合而成的。

RGB

RGB 则是以红色 R（Red），绿色 G（Green），蓝色 B（Blue）3 种色彩为基础色进行混合、叠加的色彩模式，我们称上述 3 种色彩为三基色，主要应用于显示设备领域。

显示器最小的色彩显示单位是像素，每一个像素都由这 3 种色彩组成，每种色彩按亮度分为 0 ～ 255，共 256 个等级，通过它们进行不同亮度的混合，就可以得到各种丰富的色彩。

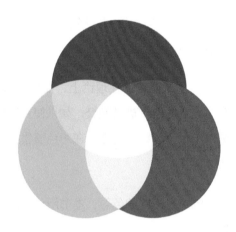

十六进制颜色代码

在任何软件的调色板中，都可以看见一段以"#"开头的包含 6 个字符的代码，这就是十六进制颜色代码。关于十六进制的具体介绍，感兴趣的读者可以自行到网上搜索相关内容，我们在此只需要知道，十六进制颜色代码是通过数字和字母组合的方式来反映 RGB 数值的，即任何 RGB 色彩都有对应的十六进制代码。

十六进制颜色代码的主要作用在于更简单地记录和应用 RGB 色彩，例如我们要将某 RGB 色彩在其他的设计软件中应用，则逐一输入 RGB 数值会显得很烦琐，此时只需要直接复制并粘贴十六进制颜色代码即可。同时，十六进制颜色代码在计算机编程中也得到了广泛应用，在项目开发的协作过程中，我们告诉前端程序员某个色彩的具体 RGB 数值（R 为 235，G 为 30，B 为 20）时，就只需要粘贴"#EB1714"，而不需要输入"R:235,G:23,B:20"。

色彩的选取

UI 设计的界面只面向 RGB 的展示环境。理论上我们在设计过程中也应该只用 RGB 模式进行色彩的选取，但可以发现，在大多数设计软件中，调色板中还会包含 HSB 或其他的色彩模式，如下图的案例所示。

XD的调色板　　　　　Sketch的调色板　　　　　Photoshop的调色板

其中，包含了很多色彩的矩形就是选择色相的滑块。而占据调色板最大区域的渐变矩形，则是用来选择已选中色相的饱和度和明度的区域，该区域越往右则饱和度越高，越往下则明度越低，非常的直观。

对于所有的色彩模式而言，它们相互之间都有换算的方法，只要最后的展示场景是在显示屏幕中，就会以 RGB 的数值为准。而在所有的色彩模式中，HSB 是最符合设计师选色逻辑的色彩模式，我们会优先通过该模式来找出理想的色彩范围。

选择色彩的合理逻辑，是先确定具体的色彩类型（色相），然后在这个色彩类型中确定它的鲜艳程度（饱和度）和明暗程度（明度）。

比如，芥黄色使用 HSB 的方法来解释，就是在橙黄色的色相范围内，选择较高的饱和度和较高的明度，如下图所示。

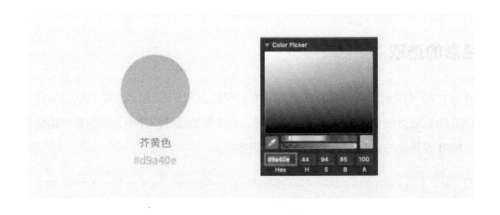

而如果芥黄色使用 RGB 的方法来解释，则要混合较多的红色（R:217）和绿色（G:164），以及微量的蓝色（B:14）。如果我们没有长期记忆，则根本无法快速地通过 RGB 模式来获得理想的结果。

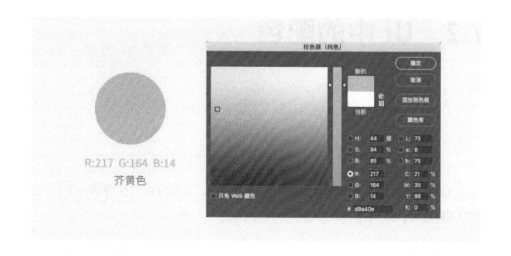

R:217 G:164 B:14

芥黄色

所以熟练掌握 HSB 的选色方法，无论我们要选择脑海中的色彩，还是要对现有的色彩进行"更鲜艳、更深、更浅……"的调整，都可以极大地提升设置效率和准确性。

7.2 UI 中的配色

UI 中的配色其实远没有初学者想象中的那么困难，之所以我们在费尽一番功夫后依旧不得要领，是因为学习的顺序和方向不对。

如果不具备良好的平面设计经验和理论功底，就需要从界面包含哪些色彩的类型，它们有什么配色规则入手。而这些知识是我们应用配色理论的媒介，如果不事先掌握这部分的知识，那么学习再多的配色理论和书籍都无济于事。

在一款 App 的配色方案中，我们需要完成的配色有 3 种，即主色、辅助色、中性色。它们共同组成了 UI 元素中的所有色彩类型，当然，图片本身的色彩应该不包含在内。

下面我们就来介绍一下它们。

主色

大家应当都知道自己常用的手机 App 的主色是什么，QQ 是蓝色的，淘宝是橙黄色的，印象笔记是深绿色的，网易云是大红色的，美团是亮黄色的……

每一款 App 都具备一种主色，它不仅可以传达品牌的特性、应用的情感，还便于用户对其进行识别和记忆。它是每一款 App 色彩的主角，确定主色是任何 App 进行配色的第一步。

有的 App 和已有品牌挂钩，需要使用原品牌配色，如各种品牌的官方 App，包括MUJI、优衣库、星巴克等，我们不讨论这种情况，只针对如何确定一款新的 App的主色来讲解。

毫无疑问，主色要和各种因素挂钩，如品牌、用户、内容、情感等，不同的颜色有不同的内涵，专业的设计公司会在设计提案中使用几十页 PPT 的篇幅来解释主色选取的原则。但是在学习配色的初期，不需要这么形式化。

定义主色，首先需要在调色板的色相模块中拖选出一个主色的色相，如商务类的应用可以选用蓝色，面向女性的应用可以选用粉色，电影类的应用可以选用橙色等。抛开前面所讲的形式，主色的选择只需要有据可依即可。

然后需要确定这个色相的明度和饱和度，这是最重要的一步。如果我们仔细观察并分析现在手机中常见的 App 色彩，就会发现，绝大多数 App 的主色的饱和度和明度都比较高。

这就是在 UI 领域中的普遍规律，会使用更鲜艳、突出的色彩。而分析其形成的原因需要比较长的篇幅，所以此处不做解释，感兴趣的读者可以多留意在各个上传作品的设计平台中，UI 设计的作品和其他设计类型的作品在颜色应用上的差异。

在此基础上，就可以得到一个更适用的选色原则，即主色的饱和度和明度范围一般处于面板的右上方区域，如下图所示。

除使用黑色或者少数深色的主题以外，它可以涵盖绝大多数的主色应用场景。不相信的读者可以自己在手机中对常用的 App 进行截图并置入软件中，对主色进行吸取，查看它的饱和度、明度范围。

原则上没有难看的色彩，只有不合理的色彩搭配。但有些颜色在 RGB 显示环境下是有很大限制的，例如，荧光绿、荧光黄、血红等饱和度或明度极高的色彩，一旦被大范围使用，就会让眼睛感到极度的不适，是需要我们尽量避开的"雷区"。

比如优衣库的官方 App，就具有这样的问题。

辅助色

初学者在配色中常见的另一个错误就是忽略辅助色，并且过度应用主色，除文字的色彩以外，几乎看不见其他的色彩，这是需要避免的问题。

除了黑色、白色和灰色，常规的手机 App 不应该只包含主色这一种色彩，还需要一些其他色彩来共同丰富视觉体验，尤其在信息密度较大且重要信息较多的情况下，需要通过不同色彩的对比让用户可以更好地识别界面中的信息。比如，下图为饿了么结算页的案例。

关于辅助色的选择，很多人可能会想到配色理论和色环，但在这建议大家先不要考虑那些内容。因为，目前有很多已经形成共识的元素用色方案，我们可以先从它们入手。

比如，上图案例是饿了么的结算页面，除了使用蓝色作为主色，还使用了红色来强调优惠相关的信息，使用了绿色来凸显环保说明和支付的便捷性，而这些也都是很符合逻辑的，不会轻易对它们使用紫色、褐色等色彩。

辅助色不应该在还没进行具体的页面设计时，就凭空套用理论筛选，我们应该在设计过程中反复思考：主色在哪些元素的应用中会产生局限？我们需要引入哪些其他颜色才能完成设计目的？最后，我们既要保证辅助色能很好地搭配主色，也要避免辅助色失控而抢占了主色的地位。

当然，除了这些常见的元素，还有一些相对抽象、不常见的元素需要应用辅助色，最好的方法就是找到使用了相同主色的其他 App、网站、平面的设计，并尝试套用它们的辅助色来完成我们的设计，从而帮助我们更快地进步。

中性色

在文字设置的章节中，我们已经提到了中性色，即一款 App 的配色方案中的灰色梯度。

中性色主要应用在文字、背景中，通过灰度的强弱来表现对比。在 HSB 的色彩模式中，主要根据 B 值来划分中性色的强弱，在 B 值为 0 时最强，在 B 值为 100 时最弱。例如下面的 5 个色块，H、S 的值都为 0，B 值则分别是 0、20、40、60、80。

当 S 的值为 0 时（此时色彩与 H 无关），这种没有色相的色彩还有个"接地气"的称呼——纯灰色。新手在设计中容易犯的错误就是在应用中性色时，只使用纯灰色，而这样的效果往往是非常不理想的。

虽然中性色的本意是不在色彩的阵营里进行明确的冷暖区分，也不带有太多情感，但是只使用纯灰色的设计会让 App 看上去非常枯燥。在 UI 配色中使用的中性色，是不能等同于纯灰色的。

UI 中的中性色，需要加入适量的冷色或者暖色来配合主色进行使用，从而防止页面枯燥乏味。最常见的解决办法，就是在背景色中加入少量蓝色的色相，例如 QQ 的背景色，HSB 色值就是 240∶1∶98。

虽然它看起来和纯灰色只有些许差异，但是这样可以给我们营造更好的视觉体验。书中的图例无法很好地还原这种对比，感兴趣的读者可以自己试试，对常用的几个 App 进行截图，然后放到软件中吸取背景色并查看它们的色值。

中性色引入色相的做法，具有一定的规律，那就是色彩的明度越高，亮度越浅时，饱和度越低；反之，色彩的明度越低，亮度越深时，饱和度越高。在色彩选取的面板中，我们可以用下图中的曲线来表示中性色的选择规律（横轴为饱和度，纵轴为明度）。

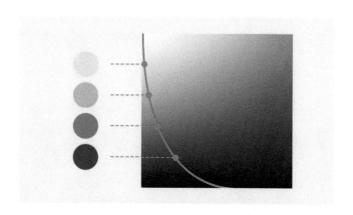

之所以有这种规律，是因为明度如果越高，色相就越容易被识别出来，中性色带有的色相是用来调节画面的平衡性和质感的，要让用户觉得这是"灰色"，而不会轻易分辨出这是蓝色、绿色、黄色等中性色以外的色相。

以上 3 种配色，就是我们在 UI 配色中要分别完成的目标，了解了这些知识，下一节我们会通过一个实例来演示配色的具体过程。

7.3 配色演示

下面通过两个填充完配图的原型页面来演示前面所说的配色方法，以帮助新手高效地完成界面色彩搭配。

应用主色

首先确定一个色相，比如，想要使用蓝色系的色相，就可以先从色板中选择出若干个合适的蓝色。

然后选择一个模块，分别使用这几个色彩进行填充并排列出来，再从中挑选出自己最满意的一个。

本案例选择了上图中第一排第三个，其色值为"#3264F3"，即使用它作为页面的主色。

既然主色是配色的核心，就应该将其用于界面中较重要的元素，我们就需要有目的地找出整个页面中权重较高且合适的元素进行填充。例如，首页头部的背景色、底部导航栏的选中图标、好评率、立即购买按钮等。效果如下图所示。

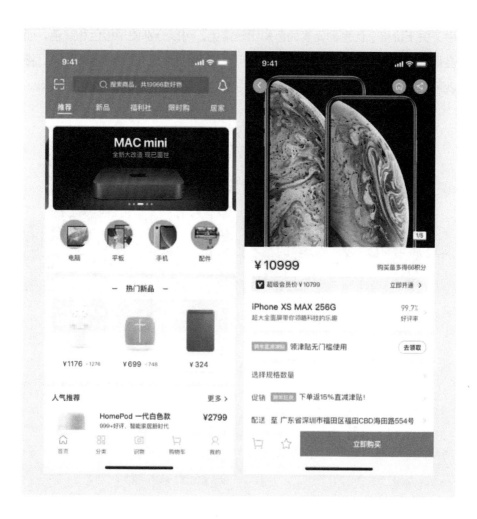

之后，对完成的页面进行审查，审查内容包括主色是否应用过度；主色出现的频率是否太高；真正重要的元素是否没有被凸显出来等。然后，针对这些问题做出进一步调整，直至满意为止。

应用辅助色

界面中除了应用了主色的元素，其他元素也可能会有被凸显的必要，我们应该找出那些需要被强调的元素，如商品特价、详情页价格、会员图标、优惠标签等。

其中，关于价格、优惠的元素的色彩比较常见，可以分别使用橙色和红色，而关于会员的元素通常使用香槟色，这样就可以轻易得到一些辅助的色相类型，接下来就可以直接对它们进行色彩的填充，并确定具体的色值，效果如下图所示。

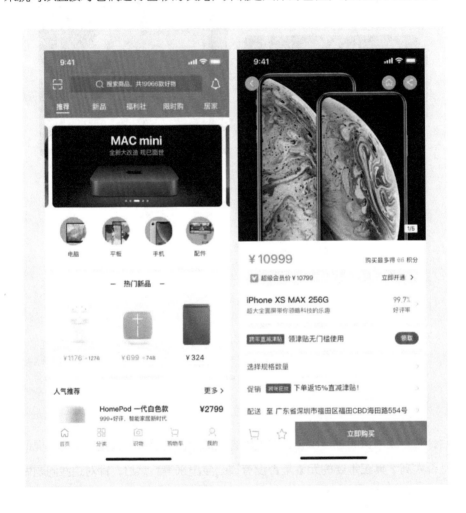

这时，我们会发现红色应用得太密集了，需要适当地降低该色彩的填充面积，并且会员图标的栏目背景也可以使用适当的辅助色进行加强以提升质感。

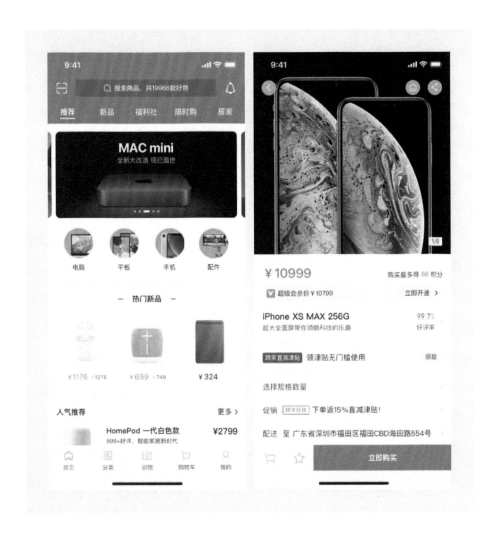

而对于快速入口组件而言，如果我们想要得到色彩丰富的效果，就可以使用高饱和度、不同色相的色彩进行填充；如果我们想要得到比较简约朴素的效果，就可以使用和主色色相相同但饱和度较低的色彩。

在整个过程中，我们没有使用任何复杂的配色理论，就完成了辅助色的应用。在设计初期，我们只要注意哪些元素应该使用辅助色，并且控制辅助色出现的频率，就能得到令人比较满意的结果。

中性色的应用

中性色主要应用在文字和修饰元素中。我们可以简单地将中性色的阶梯分成 4 个等级，并将其对应到界面中的不同权重的元素上。

权重高的元素，即在对比中所提及的权重高的文本类型，例如每个页面中标题栏的标题，每个模块或组件的大标题，文章中的二、三级标题等。

在背景为白底黑字时，这些文本使用的色彩的 B 值取值范围为 0 ～ 40，可以取出 1 ～ 2 个色值，并将其应用到案例中。在背景为黑底白字时，权重最高的文本使用白色。需要额外注意的是，尽量不要在 App 中使用纯黑色，这是因为纯黑色容易对界面色彩造成不可调和的破坏。

下面我们首先隐藏次要的文本，保留权重较高的文本，并且在深色区域中使用白色，如下图所示。

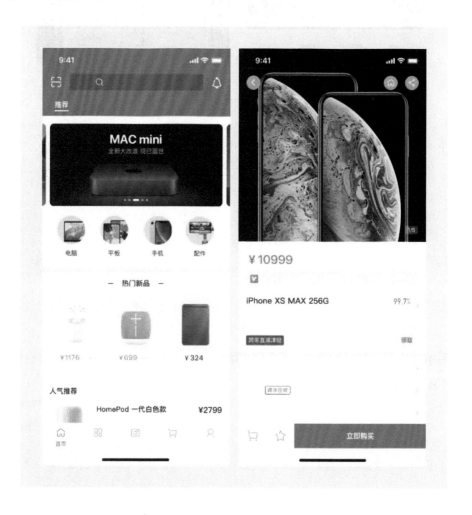

接下来填充相对次要的文本，它们使用的色彩的 B 值取值范围通常为 20 ～ 60，如下图所示。

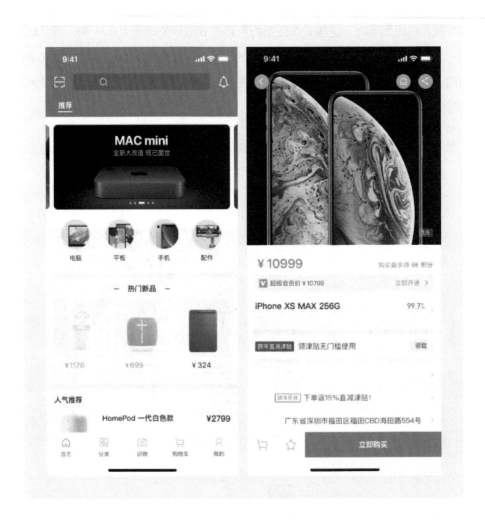

然后填充注释和解释性文本，它们使用的色彩的 B 值取值范围通常为 50 ～ 80，如下图所示。

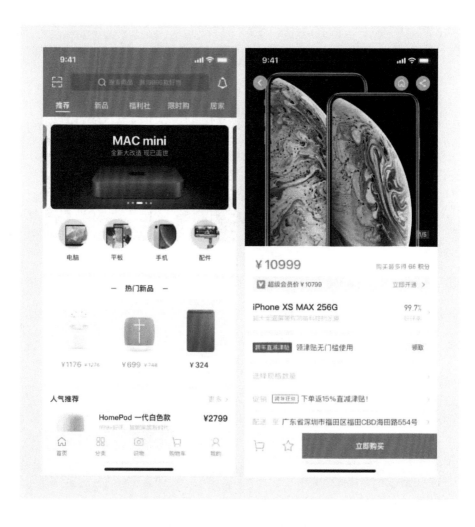

最后为界面中的修饰元素上色，修饰元素即界面的背景色、分隔线等元素，它们的存在只是对内容做出隔断和划分的修饰，不需要被用户阅读和盯着看，新手常常会犯的错误就是忽略修饰元素的低权重，对其使用了较深的颜色，从而导致修饰元素过于抢眼，界面给人带来的视觉感受过于杂乱。

所以，修饰元素应当使用中性色中最弱的部分，B 值的取值范围通常为 85 ～ 100。下图就是应用完对应中性色后的最终效果。

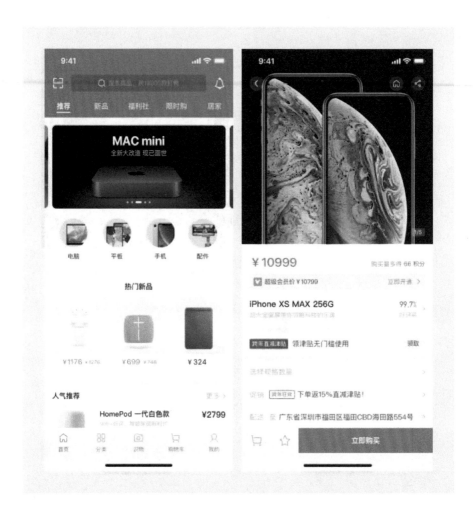

在上述案例中使用了如下图所示的配色，这些配色可以在后续页面设计中被其他页面重复使用，如果出现了这些配色都无法满足的情况，则可以根据场景增加新的色彩。

总结

本书没有提到传统平面配色的相关理论，也没有讲解色环，不仅是因为篇幅所限，也是因为 UI 的配色入门并不是一件困难的事情。

应用前面案例所使用的方法进行练习，就可以很快地上手并进入实战，只有正确实践才是最好的进步方式。而在缺乏实践的基础上过度沉迷理论，只会导致将本来简单的问题复杂化，始终处于"原地踏步"的状态。

08

UI的图标设计

8.1 认识图标

8.2 图标的规范

8.3 工具图标设计

8.4 应用图标设计

8.1 认识图标

图标设计是我们进行 UI 设计具体操作的第一个阶段，在开始前我们需要先了解图标。

在手机 App 的领域中，图标主要分为两种类型，一种是应用图标，一种是工具图标。例如，下图为淘宝手机客户端的应用图标和工具图标案例。

下面分别对它们做出解释。

应用图标

应用图标，就是 App 在系统中的身份标识，它的作用是方便大家找到和开启 App 的入口。大多数 App 的启动图标，都是根据企业 LOGO 或官方形象设计而成的。

虽然在 iOS 平台上有官方提供的参考模板，但是对于我们具体设计的内容来说，是需要根据实际情况进行分析的，没有明确的边界。如果设计内容不是展示品牌相关的元素，就需要尽量使图标的内容与应用的功能相结合，以便于用户理解。

在本章的最后会简单地说明入门的应用图标应当如何进行创作。

工具图标

工具图标，是在 App 内传达特定信息的视觉符号，可以替代文字来使用以提升界面浏览效率和美观度，例如下方案例所应用的图标。

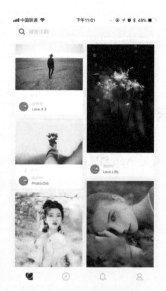

我们对它们的设计和认识，都来源于日常生活中的积累。例如，当看到放大镜时，我们就会联想到搜索或查找；当看到喇叭时，我们就会联想到公告或提醒；当看到音符时，我们就会联想到音乐或声音……

这些简单的图形在现实生活中都有原型，通过这些在现实生活中已知的事物，可以让用户很轻易地理解它所代表的内容。工具图标的首要任务是生动、正确地传达信息，而不是抽象的造型与刻意吸引眼球的设计。

而工具图标还有两种常见的风格，即线性图标和填充图标，如下图所示。在后面的章节中，本书会分别给大家讲解它们的设计方法。

8.2　图标的规范

在图标的设计中，有一些规范是我们应该熟知的，这些规范可以帮助我们更容易地设计出优秀的作品。

应用图标

对于应用图标的设计而言，下图是 iOS 的官方参考线样式。

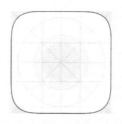

可以看到，其中有很多参考线，这些参考线是对设计区域的建议。虽然这些参考线看起来很复杂，但是并不难理解，如下图所示的案例应用。

我们只需要将设计的好的图形或者 LOGO 置入模板中，并根据参考线进行尺寸的缩放即可。

当然，应用图标的规范不是必须遵守的，当我们拥有更好的创意或者图形形式时，可以选择突破这个限制。

再者，在 iOS 和 Android 平台中，大多数图标看起来是圆润有边角的，但实际上并不需要我们自己去绘制图标的外形。我们只需要创建一个 1024px×1024px 的正方形画布并在其中进行设计，然后上传到 App Store 等应用商店，就会自动对边缘进行裁切，效果如下图所示。

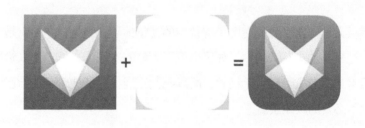

工具图标

图标中的像素

虽然大多数工具图标看起来十分简洁，但是做起来远远没有想象中那么容易，这也要从它们的规范开始说起。

在之前的章节中我们已经知道，像素是屏幕中最小的显示单位。如果我们使用像素填充的方法去画一个直径为 10px 的圆，就只能得到下图中左侧的结果，而如果我们使用 Photoshop 中的绘图工具去画圆，就可以得到下图中右侧的结果。

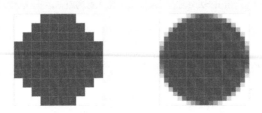

与像素圆相比，Photoshop 绘图工具绘制的图形中出现了很多像素范围之外的色块，这是大家在 Photoshop 中放大画布后就会看见的——次像素。因为通过像素点是无法完美表现曲线的，所以系统会采用一种叫作次像素渲染的技术，使得图像边缘更加圆润。

这个技术极大地丰富了我们在电子屏幕中的视觉体验，但是，它终究是一种弥补的措施，在真实的浏览环境中，如果出现了大量的次像素，就会使人觉得图标元素的边缘看起来非常毛糙、不精致，所以我们应当尽可能地避免在自己设计的图标中产生不必要的次像素。

例如，一个宽度和高度都为 10.5px（有小数）的矩形，多出来的 0.5px 只能通过次像素去表现。抑或一个宽度和高度都为 10px 的矩形，在处于画布中 X 轴坐标为 10.5 的位置时也会出现次像素。

下图就是上述两个矩形和一个正确的正方形放大后的对比。

对于不出现次像素的情况，我们称之为像素对齐，可以在图形的垂直线和水平线中体现。而一套准确、优秀的图标，就需要从满足像素对齐开始。

图标的尺寸

其实部分读者可能会感到奇怪，为什么图标的尺寸还有规范，难道不是将其做得好看，大小适中就可以了吗？这就要涉及前面章节中关于分辨率的知识点。

我们对图标尺寸的定义还处于 @1x 的状态中，是以 4 的倍数进行增减的，如 12pt、16pt、20pt、24pt……这是为了不让任何倍率在显示时出现奇数和小数点，导致产生次像素、图标虚化的问题。

例如，在一个实际显示宽度或高度为 23px 的画布中，我们就无法画出一个清晰、对称的图形，因为它的一半是 11.5px，出现了小数点无法被整除的情况。

而在图标的尺寸使用了 4 的倍数时，我们将图标应用到 Android 的 hdpi @1.5x 的设备中并进行换算，就可以得到一个完整的偶数像素值。

最后，图标的尺寸，通常是指图标画布所占据的空间。就像我们学习写汉字时使用的田字格一样，图标画布是一个容纳内容的矩形空间。无论图标的实际尺寸是多少，该图标占据的空间都会以这个矩形画布的尺寸作为标准，如下图苹果官方组件展示的图标占位区域。

图标的一致性

当我们绘制一套图标时，需要牢记的一个特性就是一致性，即每一个图标的相关属性是一致的，这对于新手而言是一个非常大的挑战，如下图所示的案例。

- 粗细不同。无论是图标的描边还是对内容进行截断的区域，都应该保持粗细一致。

- 透视不同。要统一使用正视图、俯视图、侧视图或斜视图，不要随意进行混用，会造成视角的混乱。

- 圆角不同。图形圆角的类型要保持统一，可以应用相同的圆角或者尖角，圆润和尖锐的质感是不可兼得的。

缺乏一致性会让用户反感，呈现给他们一种不专业的设计效果。如果不在这些细节中追求完美，就无法设计出真正专业的图标。

图标的视觉差

在设计的基础知识中有一个很重要的知识点——几何图形的视觉差。例如下图的几个图形。

上述图形的高度和宽度都相等，但是我们会觉得它们的尺寸不平衡，认为正方形大于圆，而圆大于三角形。

这是因为人的视觉是具有欺骗性的，在一个矩形区域中占比越大的图形，看起来就会比占比较小的图形大。所以当我们想要解决这样的差异时，就可以根据这个原理进行缩放和移动，如下图所示的案例。

而在 iOS 的设计规范中，也对这一问题做出了演示，根据视觉比重的不同可以适当调整图形尺寸，而不要统一高度和宽度的数值。

这也是前文所述的图标尺寸有一个透明空间的原因，如果每一个图标的尺寸都不相同，那么对于实际设计中间距的控制，边缘的对齐等都会造成很多负面的影响。

在后面的案例中，我们会具体演示如何使用这些规范设计出正确、合适的图标。

8.3 工具图标设计

在工具图标的设计中，建议使用 AI 作为主要的操作软件。

因为涉及图片的裁切，所以工具图标需要使用矢量格式，而 AI 具有非常完善和丰富的矢量图形绘制功能，可以应对各种各样的设计需要。

设计准备

想要设计出正确的工具图标，和 AI 的设置有密不可分的关系。在开始工具图标的图形设计前，我们需要进行以下的设置。

创建画布

在 AI 的新建文档面板中，可以直接选择任意一种手机的尺寸创建空白的画布。

网格设置

然后进行网格设置，将"网格线间隔"设置为 4px，将"次分隔线"设置为 4。单击"确认"按钮后回到画布，使用 Ctrl+" 快捷键打开网格，并将画布放大到最大，就可以看见颜色较深的主分隔线，它们之间的间距为 4px，而在它们内部由次分隔线分隔出了 16 个小矩形，每个小矩形的宽度和高度都为 1px，即网格中所有相邻的分隔线的间距都为 1px，以便于我们参考。

设置图标尺寸

然后创建一个和图标尺寸相同的矩形，如宽度和高度都为 24pt 的图标，需要在画布中拖出一个相同宽度和高度的矩形，并对其添加填充色，然后对齐放置到网格中。

设置参考线

前文介绍过几何形状的视觉差，它会导致不同形状的图标的实际尺寸有差异，而我们可以根据这个特性创建出对应的参考线系统，协助我们创作，常见的参考线系统如下图所示。

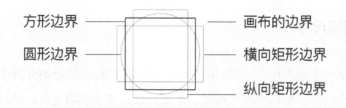

根据这个规则，我们可以在画布中画出对应的参考线，并将这些元素编组。需要注意的是，为了给设计预留更多的余地，我们应当在边缘留出 2pt 左右的内边距，这是因为一个完整的方形或圆形图标的周边有较多留白是合理的。

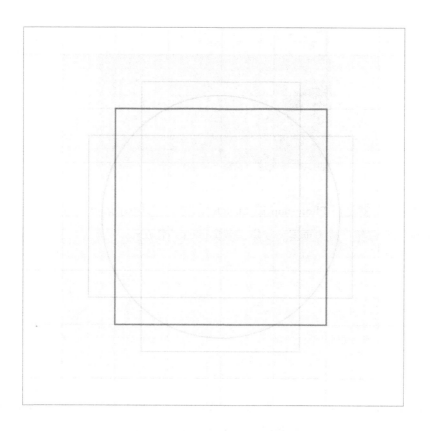

在设置好完整的参考线系统后，我们就可以正式开始创作了。

路径查找器

例如，下图所罗列的淘宝 App 工具图标，都只应用了非常简单的 AI 操作，而路径查找是设计图标时非常关键的软件功能。

在 AI 的菜单栏中打开"路径查找器"窗口，就可以展开该功能面板。它分为两个部分，即"形状模式"和"路径查找器"。

"形状模式"就是在 Photoshop 或 Sketch 等软件中的布尔运算，可以对相交的矢量图形进行联集、减去顶层、交集，差集，如下图所示。

大多数图标都可以通过矩形、圆形、多边形进行组合和裁切来实现，例如前面案例中的房子，就是由一个三角形、两个圆角矩形通过布尔运算得出的。

而"路径查找器"中则包含分割、修边、合并、裁切、轮廓、减去后方对象等功能。它们相对于布尔运算来说更复杂，可以处理很多布尔运算难以实现的图形，受限于篇幅，如果不熟悉这部分功能的读者，可以自行搜集并学习相关知识。

在掌握了路径查找器后，设计图标也就没有了操作上的难度。下面本书会使用上述功能和参考线系统来演示图标是如何设计出来的。

图标设计实例

（1）使用两个正圆进行叠加，通过交集得到对应的眼睛轮廓，然后在该图形正上方添加一个较小的正圆，并通过减去顶层得到最终图形。

（2）使用一个三角形和一个圆角矩形进行叠加，通过联集得到对应的摄像机轮廓，然后在该图形左上角添加一个较小的正圆，并通过减去顶层得到最终图形。

（3）使用两个圆角矩形进行叠加，通过联集得到对应的相机轮廓，然后在该图形上方添加一大、一小两个正圆，并分别使用减去顶层得到最终图形。

（4）使用一个圆角矩形和一个三角形进行叠加，通过联集得到对应的图形轮廓，然后在该图形上方添加 3 个相等的正圆，在矩形内部居中并平均分布以后，先对 3 个圆使用联集，再通过下方的轮廓减去顶部该图层，即可得到最终图形。

（5）使用两个圆角矩形进行叠加并使用联集，得到上面的盖子轮廓，再在该图形下面添加一个圆角矩形，并在该矩形上方添加两个竖立的圆角矩形，然后减去该图层，最后对所有图形进行联集，得到最终图形。

（6）使用一个矩形和两个椭圆进行叠加并使用交集，得到对应的山峰轮廓，再在该图形底层添加一个圆角矩形，左上角添加一个正圆作为太阳，然后用底部的矩形分别减去顶部的两个形状得到最终图形。

8.4 应用图标设计

应用图标的作用与设计和正常的 LOGO 相同，有非常大的发挥余地，可以设计为卡通形象、实物、拟物、字体，甚至设计为只有难以描述的纯色。比如下图中这些被苹果官方推荐过的优秀 App。

所以，新手在学习应用图标设计时常常感到难以下手，是因为可以设计的方向太多了，仅对几个图形进行案例操作详解，是没有意义的。

下面本书会用两种类型的案例，来解释应用图标设计应该如何入门。

字体设计类

第一种是使用字体作为图标的主体。例如邮箱大师、闲鱼、豆瓣、脉脉等应用。

如果应用名很短，只有 2 ～ 3 个字，那么我们可以将整个应用名设计出来再置入，

比如上方的"闲鱼"图标。

如果应用名比较长，或者这几个字的搭配设计难以满足我们的要求，那么可以改为只提取一个字。比如上方的"豆"字图标，相对于"瓣"字而言，"豆"的笔画更精简，更容易识别，而且无论从设计难度还是识别特征来说，单字都比多字更有优势。

第一步，先确定我们要设计的文字内容。比如我自己的设计平台叫"超人的电话亭"，那么我可以确定只置入一个"超"字。

第二步，就是在已有的字库中选出一个自己满意的字体和字重，比如我选择了"汉仪旗黑"字体，并将字重设置为80W。

第三步，就是用这个字体作为基础，使用矢量工具对它进行重绘，调整笔画和细节。一方面可以让字体更具有设计感，另一方面可以避免侵犯字体版权。

第四步，将设计好的字体填入苹果的应用图标模板中，再填充背景色，使用纯色或渐变，就大功告成了。

当然，在这个方法中最困难的步骤就是字体的调整和设计，而这部分内容常常被主流观点所忽视，只有多关注和学习字体设计的相关知识，才能帮助我们更好地完成文字型应用图标的设计。

图标设计类

第二种常见的形式就是使用图标类的主体，例如"手机管家""滴答清单""QQ邮箱""Pixelmator"等。

我们可以发现，这些应用图标的主体和我们日常使用的工具图标几乎一样，那么在设计它们时，自然应当使用和工具图标相同的设计方法：先设计出主体的图标，然后将其置入图标模板中，添加背景色即可。

其中，如果要使用线性图标，则描边线条不能太细或太粗，一定要控制在能被用户轻易识别出来的范围内。

太细   适中   太粗

同时，除了为背景添加渐变色，也可以为图标主体添加渐变色，从而增强趣味性和品牌特征。

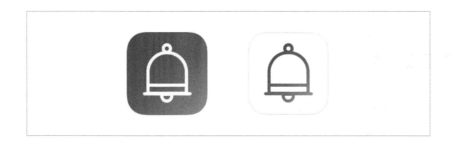

09

UI的项目实践

9.1 App项目开发流程

9.2 App项目的设计准备

9.3 项目的设计

9.4 设计的收尾工作

9.1 App 项目开发流程

UI 设计是 App 项目开发的一个环节，在开始讲解具体的项目设计前，我们有必要先了解整个项目流程。

整个项目流程涉及一个成熟的产品从想法到上线所经历的每一个阶段，以及对应职位所要负责和产出的内容。而我们在后面探讨的设计流程，就是根据该流程的认识进行制定的。

首先，一个商业项目，在开始进入实施阶段前，是需要经历一个探索期的，即项目的发起人构思商业模式的阶段。简单来说就是发现用户的"痛点"，并想象自己可以提供某种产品来解决这个"痛点"。

在这些想法都已经成型以后，才会进入具体的项目开发流程。之所以不算在项目开发流程中，是因为这些内容远远先于项目实施，层次也更高。所谓的项目开发流程，就是通过一系列的分工来将决策者的思考成果转化成线上产品的过程。

在这里，本书将整个项目的开始流程分为 5 个阶段。

需求整理

决策者在前期构思商业模式时对产品的想象通常都是笼统的、模糊的，不具备完整的产品逻辑和细节，无法提供给设计师和程序员详细的工作指示。

所以，需要专业的人员将这些想法转化成逻辑清晰的具体说明，这个职业就是产品经理（PM）。他们主要在这个阶段提供两种内容，即产品线框图和 PRD。

产品线框图就是大家都听过的原型图，可以通过一些基本的几何图形、文字、中性色进行制作，直观地表现产品的页面内容、功能和操作方式。

PRD 也称为产品需求文档，即一份针对产品功能和逻辑进行详细说明的解释性文档。它的存在不仅可以弥补原型图所无法解释的细节，而且可以使用书面的方式记录项目开发所需的功能明细，以便于后续的开发和协作。

界面设计

界面设计阶段属于设计师工作职能的范畴，在拿到具体的项目需求以后，设计师就需要根据项目的需求来设计界面的视觉部分，并在完成设计以后，将设计稿以指定的形式交付给程序员。

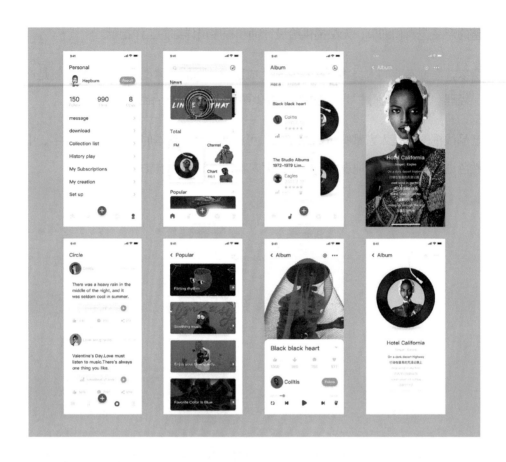

后面的章节会进行具体的介绍，就不在这里拓展了。

程序开发

程序员在拿到具体的项目需求和设计稿以后，就会着手编写相应的代码。

对于一般的 App 项目，程序员有两种，一种是前端工程师，一种是后端工程师。

前端工程师负责开发客户端的程序，即我们所使用的设备上的程序。常见的就是 iOS、Android 的客户端，包括手机和平板电脑，也就是说，前端工程师所开发的就是放到对应设备中运行的程序。

而后端工程师，负责开发的是在服务器中运行的程序。我们都知道大多数 App 是需要连接网络的，目的就是让数据可以上传和下载。而数据上传的终点和下载的源头，就是服务器。

比如，在 App 中登录账号，需要将客户端中的账号、密码上传给服务器，服务器接收到信息以后就会进行验证，并将验证的结果返回给客户端。如果账号、密码正确，就可以正常登录；如果账号、密码有误，就会拒绝登录的申请，并在客户端弹出对应的提示，这些程序运行的逻辑就是由后端工程师进行处理的。

只有通过前端工程师和后端工程师的共同协作，才可以开发出一款可以顺利连接网络并运行的 App。

软件测试

在前端工程师和后端工程师完成需求的开发以后，就需要进入检查和验收的阶段，对软件进行测试。

这往往是整个项目中最烦琐的部分，由于软件本身的复杂性，开发完成的初期版本总会有这样或那样的问题，如闪退、卡死、颜色不对、提示文案错误等。测试工程师需要检测和发现这些问题，提交给开发人员进行修改，并再次检测、查找问题。

通过上述循环操作，直至开发人员修复了所有问题并找不出新的问题为止，测试工程师的工作就完成了。

发包上线

最后一步，就是将已经测试并修改完成的程序打包进行上传，一般就是上传到对应的应用商店中，如 iOS App 要提交给 App Store，Android App 要提交给 Google Play、小米商店、华为商店等，这个过程通常被称为发包。

各个应用商店的审核人员，在接收到上传的 App 以后会进行审核，如果该 App 违反平台的规定，就会被驳回；如果该 App 通过审核，就可以顺利上线，并可以在该平台中被搜索和下载。

至此，一个项目的开发流程就全部完成了！

9.2 App 项目的设计准备

本节开始介绍如何设计一款完整的 App，在掌握了规范、控件、组件、配色、图标的相关知识以后，我们在技法上就不存在"障碍"了，还需要了解的，就是一款 App 的设计流程和应该注意的细节。

我们从一款 App 在开始设计前需要做出哪些准备进行说明。

宏观思考

在开始设计一个项目前，无论是我们自己的练习还是正式的商业项目，都需要有一定的宏观思考。简单来说，即思考下面这些问题。

- 产品的主要功能是什么？

- 产品的用户有什么特征？

- 满足了用户的什么"痛点"？

- 产品核心竞争力有哪些？

因为任何商业 App 都需要通过为用户解决问题并创造价值，才能获取用户的精力和金钱的投入。所以我们在进行 App 设计时，就需要满足上述条件，而不是凭空制造价值。

如果我们只根据自己的主观喜好，以及教条式的理论去设计应用，势必会造成和真实场景完全不匹配的尴尬局面。只有我们认真思考这些问题实现的途径，才能形成引导项目设计的具体方针。

举个简单的例子，我相信所有热爱设计的新手，都会默认优秀的设计应该具备"简约""国际化""高大上""极具个性"等属性，应该符合现代青年对于设计视觉所有美好的想象。

部分时尚品牌或者 App Store 官方推荐的优秀应用会符合这样的要求，但在复杂而又多元化的商业社会中，任何属性都会有其适用范围和局限性。

举个例子，某产品是一款要面向三四线城市和县城老年人的社交 App，可以丰富老年人的日常社交活动，如一起跳广场舞、遛狗、打牌或散步。那么为了适应老年用户的需要，社交 App 的界面应当"接地气"，色彩应当"红红火火"，文字应当"大"，交互应当"傻瓜式"。

这样的 App 从产品形态、交互到界面设计，应当和面向都市年轻人的社交平台，如下图所示的 Same、Nice、音遇等有巨大的差异。

通过对每个设计项目整理出上面几个问题的答案，就会得出我们应该如何进行后续设计的结论，无论刚开始的想法多么"漏洞百出"，随着实践的增加，所得到的结果都会越来越成熟。

和前面所说的色彩一样，行动才是最好的学习方式，我们不应该优先沉迷理论。在解决真实世界的问题时，有时需要的仅仅是尝试的勇气。

结构整理

在进行宏观思考后，我们就要向下进行探索，即结构整理。这个步骤是用来确认整个 App 的页面明细，以及对应的层级的。

通常产品经理在制定 PRD 的时候，会梳理出一份功能模块的树状图，如下图所示。

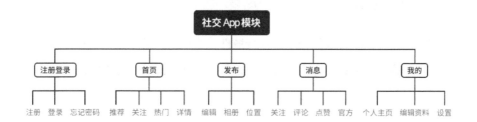

这些内容决定了整个 App 应该包含的模块，以及它们相互的从属关系。但是，一个完整的模块，通常会包含的功能和页面都不止一个。

比如，发布动态的模块，可以设置的内容包含标题、正文、图片、地理位置、浏览权限等，并且具有上传和取消按钮，那么它的原型图可能如下图所示。

可以看出，添加照片、地理位置，以及设置浏览的权限这些操作，都需要跳转到新的页面中完成。那么，我们要设计的内容就增加了 3 个页面，总共要设计 4 个页面。

其他模块也一样，顺着操作和功能进行梳理，最终可以得到整个 App 所需的所有页面列表，例如前文所说的社交 App 可以整理出如下图所示的页面列表。

在理想情况下，产品经理提供的原型图很完善，我们只需要将原型图包含的页面整理出来即可。但在实际情况中，产品经理提供的原型图往往非常简陋或不完整，需要我们拿到原型图和 PRD 后自行整理。

在这个页面列表中，我们可以清楚地知道该项目总共需要设计的页面数量，从而正确预估工作量和时间，并在后续步骤中制定设计的优先级。根据以往的经验，设计师对时间预估过少的主要原因都是不清楚页面的实际数量，然后在设计过程中才发现页面越做越多，就只能靠加班弥补。

交互优化

在结构整理完成以后，我们就可以进行进一步的优化，也就是在交互层上的优化。这部分工作虽然在一些团队中由交互设计师或产品经理负责，但在很多情况下需要依靠 UI 设计师自己完成。

交互优化，也就是让 App 可以更"好用"而进行的调整，即让用户可以用最少的思考和步骤使用 App 的功能。

例如前面提到的发布动态的模块，我们知道这个操作流程中共包含 4 个页面，页面越多，往往意味着跳转越多、体验越差。那么如何优化交互呢？

例如，在添加地理位置时，我们可以根据用户目前的定位优先自动匹配出对应的信息，如果产品在实际需求中只需要获得发布时的城市，那么下一级的页面甚至没有存在的必要。

在设置浏览的权限时，可以默认为上一次的设置，并且无须进入新的页面进行操作，只需要在当前页面使用系统弹窗即可。

在交互的层面，有很多复杂的理论可以学习。但对于真实的项目，是无法通过套用理论的方式进行设计的。最好的方法，就是"角色转换"，自己扮演对产品一无所知的目标用户，通过对当前流程的操作，找出问题所在。

扮演过程，需要我们有较强的同理心，即换位思考的能力。这种能力对产品经理和设计师都至关重要，如果太自我，不懂得站在用户的立场看待我们的成果，就容易钻进"牛角尖"，与用户的立场背道而驰，最后做出用户完全不"买账"的产品。

那找出的问题都有什么呢？比如，操作步骤太烦琐，想要的信息找不到，容易混淆不同的功能等。只要定位到问题，优化就会非常的容易。在互联网产品越发完善的今天，我们设计的功能、交互几乎都可以在其他成熟的 App 中找到案例，如果自己想不出更好的解决方案，就可以通过模仿其他产品的方式来解决。

这种方法可以帮助我们快速积累对交互的认识，并通过交互优化解决用户实际遇到的问题。如果我们先从理论的角度切入，通常就会过度关注次要的细节，舍本逐末。

9.3 项目的设计

在我们知道项目需要设计的产品功能模块、具体包含的页面数量以后，就可以开始动手设计了。

很多人以为设计只需要按照计划，一气呵成，最后再校对和修改即可。实际上，有效的项目设计流程是不会以线性的方式执行的，而是会被拆分成多个阶段，逐步进行迭代和完善的。

本节会针对这个问题，为大家讲解设计师如何有效地进行项目的设计。

设计的优先级

在前面的章节中，确定了项目需要设计的页面列表，有助于我们对设计工作进行规划，这是因为我们可以通过这份直观的列表来思考设计的优先级。

在任何项目中，页面的权重都是有差异的。比如点赞列表、通知设置、建议反馈等页面的重要性要远远低于首页、动态页面、注册登录页面。

权重高的页面不仅是整个应用中非常重要的部分，也是用户操作频率较高，对应用设计感受较深刻的部分，如果它们的样式和交互没有被设计出来，那么设计后续的页面是无济于事的。

站在团队决策者的角度，当然希望越快确定核心页面的设计样式越好，因为它们基本可以决定后续其他页面的样式，只要确定了它们的最终版本，就会对当前进程有更清晰的认识。

如果只是完全依照页面列表的顺序进行设计，那么极有可能产生的结果就是在后期审核时，会对核心页面的样式有较大的调整需要，而这些页面的改动往往会牵一发而动全身，导致其他许多关联页面需要进行修改，造成之前对许多页面的设计所投入的时间被白白浪费。

所以，我们可以先挑选出优先级较高的几个页面进行设计。例如在这款社交App中，我们优先要设计的页面如下所述。

- 动态推荐页面。

- 动态详情页面。

- 用户详情页面。

- 动态编辑页面。

在完成这些页面的设计以后，我们再根据后面章节所说的方法，按照模块的顺序逐步推进，就可以很快地完成所有页面的设计。

设计风格的确认

完整的页面设计都会有自己明确的设计风格。而设计风格的来源，首先是我们对项目进行宏观思考的结果，其次就是"试"出来的。

这是因为对项目进行宏观思考的结果，通常会产生一些模糊的方向和想法，但这些想法都不够清晰和具体，需要通过实际的设计来检验其合理性。

比如前文的社交App，如果它是一款针对在校学生的兴趣社交产品，那么我们对其风格进行设计的初步结论可能是清爽、简洁且带有青春气息，可以使用浅蓝色作为主色。通过设计前文提到的优先级较高的4个页面，可以得到如下图所示的初步方案。

在初步的方案中，可以使用各种方式来判断设计的风格是否符合我们的预期，是否能对用户产生吸引力。如果我们觉得不满意，发现一开始的想法有误，就需要重新调整思路。

例如，在将案例给目标用户看完以后，用户认为太简洁了，他们喜欢比较不同的，更前卫的。那么我们就可以换个思路，使用深色调的设计风格来突出潮流、酷炫的质感。

当然，这是被精简过的情况，在实际项目中，领导的偏见、同事的考量、用户的喜好、主流的设计趋势都会影响对设计方案的评价，导致我们需要设计新的版本，直至设计出一个能协调各方面意见的版本为止。

这也是在前面要确认出优先级的重要原因，只设计核心页面并提供多个版本，不仅可以帮助我们节省非常多的时间和精力，而且可以帮助我们在设计风格上尝试更多的可行性。

模块化的设计

确定了设计的风格，再慢慢顺着这个方向做下去，就可以保证后续页面的风格与目标一致。但显然，"慢慢"做完明显属于笨方法。

一款 App 的页面数量众多，如果每设计一个页面都需要重新作辅助线、画矩形框、填充文字，则显然是非常没有效率的，肯定要找到其他的方法。

想必大家都知道，在一款 App 的不同页面中，有很多元素是重复的，如按钮、表单元素、列表、卡片等。所以，在设计过程中提炼相关元素，并在后续设计中重复使用，这就是模块化设计。

最原始的提炼方法，就是将配色、文字、控件和组件都添加到一个画板中，后续的设计就直接从这个画板中复制。如果已有的元素无法很好地满足新页面的设计需要，就需要考虑设计新的样式，并把设计好的新内容继续添加到该画板内。比如前文案例提炼出的画板如下图所示。

而主流的 UI 设计工具，在对颜色、文字、属性、控件和组件的重复使用上，都提供了很好的支持，例如下图中 XD 的资源面板。

通过这些功能，无论是自己设计某个文件还是与设计团队共同设计某个项目，都可以极大地提升我们的效率。当组件足够完善时，很多新页面的设计就像拼积木一样简单，只需要将已有的组件进行拼装即可。谷歌官方提供的 Material Design 资源库，就是最好的案例，我们可以直接利用这些资源设计出全新的页面。

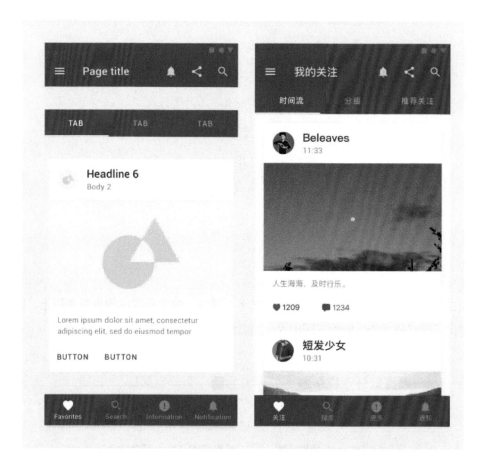

这就是模块化设计的原则，可以帮助我们节省大量的时间，并将更多的精力集中在对风格的尝试上。同时，它还可以保障 App 的最终视觉呈现具备统一性。

9.4　设计的收尾工作

设计是整个项目开发中的一个中间环节，不可以脱离需求和开发而独立存在，需要我们将其落实到程序开发的环节中。

对于设计的收尾能力可以说是 UI 设计师除设计能力以外重要的能力之一，也是很多公司在招聘中强调经验的根本原因。因为在真实的项目流程中，这个过程是非常烦琐和痛苦的，如果 UI 设计师缺乏经验和认识，往往就会导致设计无法落地，并在这个阶段大量消耗远超界面设计的时间。

成熟的 UI 设计师会对设计的收尾工作有准确的预判和准备，会计算整体的工作量，并运用更加有效率的设计流程，以保证有充足的时间进行收尾工作。

本节就来简单介绍一下设计师在设计的收尾环节所需要进行的工作，让大家对其能有一个整体的认识。

文件的演示

在设计全部完成以后，除了我们自己在源文件可以看见所有文件的原貌，也需要让产品、开发、测试等其他团队成员可以直观地浏览整个项目的设计。

但基于系统的差异（如 mac OS 和 Windows），以及正版软件限制（未给其他成员安装对应的正版设计软件），可能会导致我们无法通过分享源文件的形式让其他成员查看整个项目。

而且将源文件导出为 JPG、PNG 等格式的图片文件来查看也并不理想，需要反复打开和关闭图片文件，所以，最好的浏览项目的形式依旧是使用白板的方法。

建议大家使用相应的线上工具，这样不仅可以将所有设计文件在一个画布中显示出来，而且可以通过链接的方式分享给所有成员，同时支持任何设备的访问，还会时时更新以保证版本为最新的。

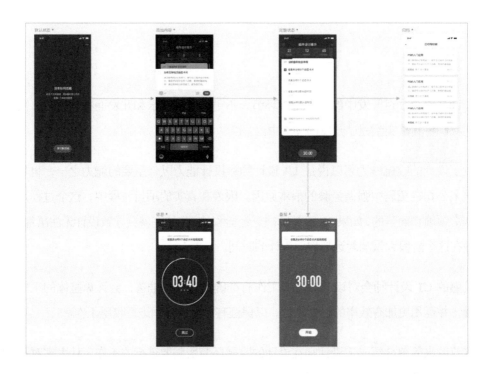

上图为蓝湖的画布截图，还可以使用 Zeplin、Invision、语雀、Sketch Cloud 等工具，它们的使用都非常简单，可以直接通过搜索引擎进入它们各自的官网中查看具体的使用方法。

界面的标注

除了要让其他人看见我们的设计，还需要让前端 iOS、Android 开发工程师知道界面元素的各项参数，如果没有这些参数，则上述前端工程师是无法把界面通过代码实现出来的。

例如我们在页面中增加了一个标题文本，那么在开发的过程中就需要知道这个标题文本具体的字体类型、字号、字重、色彩、行高等属性值。如果有一个参数有区别，那么最后的效果肯定和原设计稿的效果不一致。而在一款 App 中可能会有成百上千的元素，并且每一个元素可能会有一些属性值是不同的，那么实际的软件界面就等同于进行了一次"Redesign"。

所以，界面的标注主要就是为了让界面的参数有效地传达给开发人员，防止这个过程因"目测"而演变成一场大型"灾难"现场。

常见的标注主要有 3 种类型，即手动标注、自动标注、分享源文件。

手动标注是通过类似于 Markman 的标注工具，依靠手动的方式输入参数的标注方式。这种方式比较古老，不仅手动输入比较麻烦，我们经常会有遗漏，而且标注完成的画面往往非常的杂乱，难以被理解。

自动标注则通过另一些工具来实现自动标注的功能，是目前主流、高效的标注方式。例如 Sketch 的 Measure、蓝湖、Zeplin、PixCook 等，都可以通过源文件生成带有标注的页面，我们只要在生成的页面中选择元素，就可以和源文件一样查看

该元素的各项参数及其相对于其他元素的间距。

分享源文件在很多小型团队中比较流行，例如 iOS、Android 程序员都安装了对应的设计软件，可以通过直接查看源文件的形式来查看元素的参数。

以上 3 种标注的方法，大家可以自行在网上搜索相关的文章和教学视频，对比它们的优劣，以便在将来的团队协作中进行合理的选择。

导出切图

与标注相伴而生的，就是切图了，那什么是切图呢？

当程序员想要实现我们需要的界面时，只有参数是不够的。就像只有一份详尽的菜谱和齐备的锅碗瓢盆，但没有材料一样，是无法烹饪出一餐美食的。切图指的就是需要准备的这些"材料"。

程序员可以通过代码实现的元素是有限的，比如，一般的纯色按钮、背景、卡片、分割线、文本等。如果设计中出现了一些比较复杂的图形，就必须从外部调用，也就是引入一张图片并将其"贴"到相应的位置。比如在电脑中使用浏览器打开一个网页，对图标或者图片单击右键并进行相关操作，都可以将图形文件保存到本地。

任何不能被程序实现的元素都需要我们对其做出切图的操作，其中最常见的类型就是图标，我们需要将每个图标单独作为一张图片导出出去。

根据前面的内容，如果使用了宽度和高度都为 24pt 的图标，那么在导出时需要保证每个图标都处于一个宽度和高度都为 24pt 的矩形图片中，如下面的案例。

并且，因为设备屏幕的差异，导出的图片需要适配高分辨率的屏幕（倍率为 @3x 或以上），也需要适应低分辨率的屏幕（倍率为 @1x 或 @2x），所以每个图形不是导出一份就结束了，而是应当根据倍率为 @1x、倍率为 @2x、倍率为 @3x 的倍率导出 3 张 PNG 格式的位图。

比如前面使用了宽度和高度都为 24pt 的图标设计，就要导出 24px、48px、72px 这 3 种规格的位图。

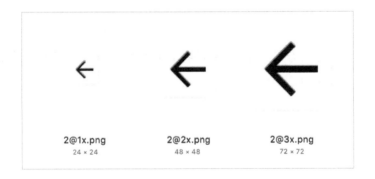

这些位图可以统一应用在 iOS 和 Android 系统中，对于倍率高于 @3x 的 Android 设备来说，在共用倍率为 @3x 规格的图片时，无须额外导出。

除了使用位图格式的切图，也可以使用矢量图形格式的切图。iOS 支持 PDF 格式的切图，Android 则使用 SVG 格式的切图。但这两种格式都只支持源文件中纯色的矢量元素，对于插画或者一些包含渐变的复杂图标来说，则只能使用位图进行导出。

如果要使用位图或矢量图格式的切图，就需要根据实际项目的情况（程序员的意见）来决定。只要将界面中所有的图形元素都正确导出，就完成了切图的流程。

总结

当整个设计流程都已经完结后，我们就只需要等待程序员开发出具体的页面，并将开发的结果和原设计进行校对，指出其中的错误，保证最后上线时的统一。

虽然在前文的解释中，设计的流程看上去并不复杂，但是在我们面对真实的项目环境时总会出现许多意想不到的问题，任何书面的知识都无法对这些问题进行完整归纳。读者需要在未来的工作环境中进行独立思考，并对其中每个部分进行总结和反思，形成自己面对问题的解决方案。

这种解决问题的能力，和设计能力同样重要，如果我们只专注于设计水平的提升，而刻意逃避这些琐碎的流程和细节，我们的职业发展就容易陷入孤立的状态，最终很难被委以重任或者独当一面。

所以，只有努力提升自己对设计的理解，提高作品的质量，最后深入项目内部，才是我们最佳的努力方向。祝愿所有读者都能在这个过程中找到设计的乐趣和意义，成为一名优秀的设计师。